地球接近天体

NEAR-EARTH OBJECTS
FINDING THEM BEFORE THEY FIND US

地球接近天体
いかに早く見つけ、いかに衝突を回避するか

Donald K. Yeomans
ドナルド・ヨーマンズ 著

Yoshiro Yamada
山田陽志郎 訳

地人書館

NEAR-EARTH OBJECTS:

Finding Them Before They Find Us

by Donald K. Yeomans

Copyright © 2013 by Princeton University Press

Japanese translation published by arrangement with Princeton University Press

through The English Agency(Japan) Ltd.

All rights reserved.

No part of this book may be reproduced or transmitted in any form or by any means, electronic or mechanical, including photocopying, recording or by any information storage and retrieval system, without permission in writing from the Publisher.

目次

はじめに 9
謝辞 11

第1章　地球の「お隣さん」 13
ミシェル・ナップと彼女の1980年型シボレーマリブ 13
吹き飛ばされたS. B. セメノーフ氏 15
恐竜絶滅 17
彗星、小惑星、流星体、隕石、流星とは？ 18
地球接近天体と潜在的に危険な天体 18
地球接近天体の軌道 20
ロックスター：小惑星の命名 21
地球接近天体の重要性 23

第2章　太陽系の起源——従来からの有力説 25
はじめに 25
太陽系現在の天体配置 29
太陽系の起源 30
ウォーターワールド 32
玉にきず 34

第3章　地球接近天体は、どこで、どのようにしてできたのか？ 37
重力アシスト 37
太陽系の形成：ニースモデル 40

目　次

　　地球接近天体の数　46
　　地球接近天体の起源と行く末　47
　　ヤーコフスキー効果とヨープ効果　48

第4章　生命の助力者であり破壊者でもある地球接近天体　53
　　「地球さん、こちら母なる自然ですが、私の注意喚起にあなたは知らんぷり」　53
　　衝突が月を作った　55
　　生命の構築要素を地球に届ける　56
　　恐竜の死：地球上の進化を中断される衝突　57

第5章　地球接近天体の発見と追跡　61
　　火星と木星の間のギャップを埋める　61
　　地球接近小惑星の発見：パイオニアたち　63
　　CCD撮像素子が地球接近天体の発見を大きく変える　67
　　NASAが本気で地球接近天体探しに乗り出す　69
　　小惑星センター、JPL、ピサ軌道計算センターの関係　72
　　地球接近天体：次世代の捜天観測　73

第6章　小惑星と彗星の実体に迫る　79
　　ドナルドダックとアンクル・スクルージ・マクダックが一番乗りだった　79
　　ラブルパイル小惑星：衝突時の法則　80
　　回転する岩：小惑星の自転　85
　　地球接近小惑星のレーダー像　86
　　彗星：地球接近天体の少数派　89
　　移行天体：どっちつかずの小惑星と隠れ彗星　94
　　まとめ　95

第7章　太陽系の天然資源と人類による太陽系探査　97
　　地球接近天体を探査する意味は？　97
　　地球接近天体の採鉱　98
　　人類による地球接近天体の探査　100

目 次

第 8 章　地球への脅威としての地球接近天体　105
　激しく雨が降る　105
　大気圏突入、分解、爆風　106
　地上への衝突　107
　海洋への衝突　107
　重大な火球と衝突事件　110
　　1972 年 8 月 10 日、グランドティートン火球事件　110
　　1994 年 2 月 1 日の大火球　111
　　2007 年 9 月 15 日のカランカス事件　111
　　ツングースカ事件　111
　　チェサピーク湾衝突事件　113
　忍び寄る小惑星と目立つ彗星　114
　小惑星の脅威？　小惑星の何が脅威なのか？　115
　真夜中の無気味な物音　116

第 9 章　地球衝突の可能性を予測する　119
　もしもし、ホワイトハウスですか？　小惑星が地球に向かっています　119
　軌道決定のプロセス　121
　NASA の地球接近天体プログラム室　123
　長期にわたる地球接近予報　125
　アポフィス：地球接近天体の典型　127
　宇宙の不意打ち：未発見天体による予期せぬ衝突　128

第 10 章　脅威となる地球接近天体をそらす　131
　簡潔、単純にいけ（KISS：Keep It Simple Stupid）　132
　　衝突体による小惑星の軌道変更　132
　　ゆっくりと牽引する重力トラクター　134
　　核爆発：軌道をそらすのか、小惑星破壊か　135
　MIT の学生、1967 年に世界を救う　137
　危険回廊と回避のジレンマ　138
　担当するのは？　139
　最も起こりそうな衝突シナリオ　140

目　次

　　地球に衝突する小惑星が発見されたら、どこに連絡する？　140
　　　まとめ　141

訳者あとがき──小惑星 2012 DA14 とチェリャビンスク隕石　143
原注　151
訳注　163
参考文献　166
索引　170

・本書は、ドナルド・ヨーマンズ（Donald K. Yeomans）による *Near-Earth Objects: Finding Them Before They Find Us*（Princeton University Press, 2012）の日本語版です。
・本文中の〔　〕内は、日本語版での補足です。
・本文中に付されている上付きの(1)、(2)、……などは、巻末（p.151 から）に掲載されている「原注」の各項目に対応する番号です。なお、この原注は、原書では脚注として掲載されていましたが、日本語版では、原注として巻末に掲載しました。
・本文中に付されている上付きの[1]、[2]、……などは、巻末（p.163 から）に掲載されている「訳注」の各項目に対応する番号です。
・本文中で小惑星を、たとえば、(1862) アポロ、(1221) アモール、……などと表記している場合、「1862」「1221」という数字が、それぞれの小惑星の登録番号になります。
・本文中に登場する固有名詞は、なるべく原音に近い発音で表記するよう心がけましたが、カタカナ表記ではむずかしい場合や、また、慣用的に普及してしまっている表記の場合は、その限りではありません（たとえば、Edmond Halley の "Halley" は、「ハリー」と表記した方が原音に近いと思われますが、日本での一般的表記にしたがって「ハレー」としました）。

はじめに

　地球の近くに多数の小惑星が発見されるようになったのは、比較的最近のことである。それ以前、いわゆる「地球接近天体」である小惑星や彗星について書かれた著作というと、本書ほどの分量ではなく、むしろ冊子と呼んだ方がよいものだっただろう。
　ガスと塵の尾をなびかせ人目を引くような彗星は、何千年もの間記録に残る。古代ギリシャ、中国の人々にとって、神秘的な出現を見せる彗星は災いの前兆として恐れられた。また、教会の影響が強かった中世ヨーロッパでは、罪深い地上に向け、報復の神がその右手から放った火の玉であると見なされていた。1694年の終わりころ、エドモンド・ハレー（ある彗星が再び現れる時期を正しく予報した最初の人物。その彗星はハレー彗星と呼ばれることになった）は、カスピ海の広大なくぼ地など、世界中の大きな湖は彗星の衝突でできたものかもしれないと考えていた。1822年、イギリスの詩人バイロン卿は、人類がこうした天の邪悪なものから地球を守るときが来ることを想い描いた。

　　誰が知ろうか。彗星が地球に近づき地球を破壊することを。そして、それはいつなのかを。地球はこれまでいくどとなく破壊され、これからも破壊されるだろう。人は、蒸気の力で礎から岩を切り裂くこともなく、巨人がやったという、炎の塊に山を投じることもない。——そう、私たちには巨人族タイタンの伝説がある。それは天との戦いなのだ[1]。

　太陽系の中心部でみごとな姿を見せる彗星はたしかに印象的ではあるが、地球付近で何度も脅威となっているのは、はるかに多くの小惑星なのである。そうした脅威は、最近になってようやく認識されるようになった。何十億年もの

はじめに

　間、小惑星はなんら予告なく繰り返し地球に接近していたのである。エロスという小惑星は、1898年に発見された地球接近小惑星の第1号であるが、2号となった小惑星アルベルトが見つかるまでに13年を要した。そのアルベルトも1ヵ月ほど観測されたのち、1世紀近く行方不明になり、ようやく2000年に再発見された。1950年までは13個の地球接近小惑星しか見つかっていなかった。いずれも、別の天体を観測しているときに偶然に見つかったものである。地球接近小惑星を発見する目的で写真観測が始まったのが、1970年代、80年代であり、1990年までには総数134個の地球接近小惑星が発見された。従来の写真観測から、CCDやコンピューター処理を使った計画的で系統的な観測が始まったのが1990年代である。NASAの支援を受けた高感度の望遠鏡観測の結果、2012年前期の段階で総数8800個を超える地球接近小惑星が発見され、驚異的なスピードで発見数の増加が続いている。最初の20個が発見されるまでに62年かかっているのであるが、今日行なわれている捜索観測プログラムでは1週間で約20個の地球接近小惑星が見つかるほどである。

　大きな地球接近小惑星が地球に衝突する確率は非常に小さいものの、いったん起こるとなると、たいへんな結果を招くことになる。地球接近天体によって人が死ぬことがあるかどうか不明でも、地球の歴史上、大きな衝突があったことは明らかである。かなりの長期間を考えれば、天体の衝突で失われる死亡者数の年平均を求めることができ、サメによる死亡事故や花火による死亡者数に匹敵することがわかる。交通事故による死亡者数などよりははるかに少ない。重要なのは、サメの被害や花火事故、交通事故のようなありふれた災害とは異なり、地球接近天体による衝突が、一発で人類の文明そのものを消し去ってしまう可能性を持つことである。

謝辞

　いかなる本も著者一人の力によるものではないと思う。この本においても然り。惑星科学分野の何人もの権威者からコメントをいただき、たいへん感謝している。彼らの多くがこうした本一冊を独自に書けるほどである。ジェット推進研究所（JPL）の同僚、アラン・チェンバリン、スティーヴ・チェスリー、ポール・チョウダス、そしてジョン・ジョルジーニは本書の各部分に批評をしてくれた。この紳士方は、地球近くの全小惑星・彗星の動きを監視するという、魔法のような技術を提供してくれている。彼らが書いた筋書きが、本書のかなりの部分を占めている。著名な科学者であるマーク・ボスロー（サンディア国立研究所）、ディヴィッド・ディアボーン（ローレンス・リヴァモア国立研究所）、そして元宇宙飛行士のトム・ジョンズ、ラスティ・シュワイカートらも各部分を読んでくれ批評を寄せてくれた。彼らの助力にはたいへん感謝している。NASA本部、地球接近天体プログラムの責任者であるリンドリー・ジョンソンは全体にわたり建設的なコメントを提供してくれた。彼のような組織運営能力のある人材を持つNASAはとても幸運である。ディヴィッド・モリソン（エームズ研究センターおよびSETI研究所）そして、クラーク・チャプマン（サウスウェスト研究所）は、早くから地球接近天体に関わる問題に注意喚起を行なってきたが、彼らも本書全体に助言を寄せてくれた。ダン・シアーズ（コロラド大学ボールダー校）も助言を寄せてくれた。彼は、彗星・小惑星の力学に関する疑問にわかりやすく答えてくれる人物である。読者は、本書の中でこうした人々についても詳しく知ることになるだろう。

　初めに助言をくれたプリンストン大学出版局のシニアエディター、イングリッド・ナーリッチにも感謝したい。プロダクションエディターのデビー・テガーデンは出版に向けた全体チェックをしてくれた。私は本当に多くの質問をし

謝　辞

たが、彼女らは迅速、かつ的確に対応してくれた。

　考古学者である娘のサラ、弁護士である息子のケイスたちからのサポートにも感謝したい。二人とも好かれる人柄で、たいへん誇りに思っている。初孫「ウィー・ヘンリー」のことも触れておきたい。本稿が書かれた 2011 年 10 月にこの孫が生まれたのである。彼はこれからの人生で、いかなる驚異、魔法のような技術を目撃するのだろう。本書のことはもちろん、JPL での私の仕事が晩、あるいは週末になってしまう場合が多いことについても、妻のローリーはいつも理解し受け入れてくれた。40 年以上にわたり私の愛する人である。

第1章
地球の「お隣さん」

恐竜たちに宇宙計画というものがあったのなら、滅びることはなかったろうに。
——ラリー・ニーヴン

■ミシェル・ナップと彼女の1980年型シボレーマリブ

　まずは、ニューヨーク州ピークスキルに住むミシェル・ナップと、彼女の車1980年型シボレーマリブセダンのことを紹介しよう。それは1992年10月9日、雨の金曜だった。午後8時になろうとする頃、18歳の高校生ミシェルは、車道の方から大きな音がしたのであわてて外へ出てみると、愛車の後部がアメフトのボールほどの岩でめちゃめちゃになっているのを見つけた。12kgの隕石が車のトランクを完全にぶち破っていたが、ガソリンタンクをかろうじてそれていたのは幸いだった。

　にわかに信じられないことだが、地球にぶつかってきた地球接近小惑星の破片が、ミシェルの車を破壊したのだった。フォルクスワーゲンほどの大きさの地球接近小惑星が地球大気圏に突入し、尾をひく火の玉となった姿がウェストヴァージニア州でまっさきに目撃された。満月を凌ぐまぶしさで輝き、色は緑がかっていた。そして、40秒以上の間に、ペンシルヴァニア州、そしてニューヨーク州上空と、北東方向へ移動していき、大気抵抗によって70個以上の破片に分裂した。ミシェルのシボレーマリブの底で止まっていたのが、唯一確認された破片であった。数多くの人がペンシルヴァニアやニューヨークの空に、一群の火の玉を目撃していた。中でも、金曜の夜に開催されていた高校アメフト試合に観戦で来ていた人々の多くが、この火の玉を目撃していたのである。ミシェルが入っていた車両保険会社は、隕石による今回の被害に対しては補償

第1章 地球の「お隣さん」

図1.1 ミシェル・ナップと彼女の1980年型シボレーマリブ。1992年10月9日、小さな小惑星が地球大気に突入し、ウェストヴァージニア州、ペンシルヴァニア州、さらにニューヨーク州にかかる上空を見事な火球となって北東に移動。ついにはミシェルの1980年型シボレーマリブセダンの底で止まった。(Courtesy of John E. Bortle, W. R. Brooks Observatory)

を拒否した。神の御業だからというのがその理由であった。にもかかわらず、ミシェルは笑みを浮かべることになった。というのは、ピークスキル隕石と12年も使ったシボレーがまとめて、隕石収集家3人からなる団体に69,000ドル〔当時の為替レート換算で約800万円〕で売れたのである。

毎日のように、100トン以上の惑星間物質が雨のように地球大気に降り注いでいる。そのほとんどがたいへん小さい塵粒子か小さな石粒サイズである。こうした塵、砂粒のような物質の多くが彗星から放出されたものであるが、晴れた暗い夜空なら、たいてい流星として見ることができる。もっと大きな、バスケットボールサイズの岩でも日々地球大気に降り注いでおり、人目を引くような火球となるが、地球大気の妨げがあるため、地表にまで達することはまずない。ピークスキル隕石となったようなフォルクスワーゲンサイズの小惑星は、6ヵ月に1度程度、地球大気圏に突入している。それにしては、ピークスキル事件のような大火球を見ることは少ないし、火球そのものをまだ見たことがな

14

図1.2 ピークスキル事件の小さな小惑星。大気圏突入後、大気の圧力により 70 個以上の破片に分解した。この画像は、ペンシルヴァニア州、アルトゥーナにあるマンションパーク・フットボール競技場から撮影されたもの。地上で見つかったのは 1 個の隕石だけだった。(S. Eichmiller of the *Altoona Mirror*)

いかもしれない。しかし、地球のかなりの面積は、海洋、あるいは人口がまばらな地域が占めているのである。しかも、頻繁に夜空を見ている人は多くないだろう。米国防総省の複数の人工衛星が常時、地球大気層を監視しており火球の出現も検知している。もともとこの衛星は、ミサイルの発射や核実験の実施をとらえ、警報を発する目的で運用されている。

■吹き飛ばされたS.B.セメノーフ氏

　次に、S. B. セメノーフ氏を紹介したい。彼は 1908 年 6 月 30 日、ロシア、シベリアのツングースカ地方で、ピークスキル隕石よりももっと大きな地球接近小惑星の衝突を目撃したのだ。

　農民のセメノーフ氏は、交易所で座っていたとき、森の上高くに大きな炎があるのに気づいた。すると、強烈な衝撃波に襲われ、交易所の玄関先から数メートルも吹き飛ばされたのである。爆心から約 65km も離れていたにもかかわらず、セメノーフ氏は爆発からの熱を感じ、まるでシャツが燃えるようだった。このツングースカ事件については、UFO 墜落説や異星人からの熱いメッセージ説を含むさまざまな解釈が提案されてきたが、最もありうる、地球接近小惑星の大気圏突入説である。おそらく 30m サイズの小惑星が地球大気に突入し、高度約 8km で小惑星前面の大気が極度に圧縮され、森林上空で大爆発したと考えられる。猛烈な爆風が地表に達し、およそ 2000km^2 の森林、何百万本も

第 1 章 地球の「お隣さん」

図1.3 1908年6月30日、ツングースカ地方で起こった爆発を目撃したS. B. セメノーフ氏。爆心地から65kmも離れていたのに、彼は交易所の玄関先から吹き飛ばされ、シャツが燃えるような熱を感じた。(Courtesy of E. L. Krinov)

の木々がなぎ倒された。しかし、石質の小惑星自体は空中で爆発し破壊されてしまったため、地表までは届かなかった。森林地帯にはそれらしきクレーターも見つからず、爆心地付近に大きな隕石も残っていなかった。その爆発は、現在では、TNT火薬に換算して、約400万トン（4メガトン）程度であったと見積もられている[1]。地球軌道の近くに、こうした直径30m以上の小惑星が100万個以上あることを考えると、200〜300年に1度はツングースカのような事件が起こる計算になる。一般に、それより小さな石質天体では、地球大気圏通過中に破壊され地表に達することはない。

■恐竜絶滅

　地球接近天体のうち最も大きいサイズのものは直径が1km以上の小惑星で、約1000個が存在する。こうしたものが地球に衝突すれば、世界的な災害を引き起こす。幸い、このサイズの小惑星は平均して70万年に1度しか地球に衝突しない。NASAが現在実施している計画によって、該当する小惑星の90%以上がすでに見つかっている。発見された小惑星の中で、今後1世紀間地球に衝突する脅威となるものはまだない。地球接近小惑星のうち最大級のものは直径が10kmもあるが、そうしたものの一つが、6500万年前の地球に衝突し、陸海の植物相・動物相の多くが絶滅し、大型の脊椎動物もほとんどが絶滅に追いやられた。地球上の大部分の種が死に絶えてしまったのである。この大絶滅を引き起こした衝突の証拠であるクレーターが、メキシコのユカタン半島沿岸のチクシュルーブの近くで発見された。10kmサイズの衝突天体がいわゆる絶滅事件の原因となり、地球全体に大規模火災、強い酸性雨をもたらし、煤と天体衝突による噴出物が空を覆い日光をさえぎった。光合成ができなくなり、植物は生存できない状態となった。植物を食していた動物や海洋生物がそのあとを追った。1億6千万年以上の期間生存してきた大型の陸上恐竜は食物連鎖を完全に断たれたため、生き残ることができなかった。10kmサイズの地球接近天体が地球に衝突すると、およそ5000万メガトンという想像しがたいエネルギーを発生させる。毎秒広島型原爆を爆発させる状態を約120年間ほども継続させるようなエネルギーである。大型の地球接近天体が衝突するというのはきわめて稀であるが、いったん起きてしまうと文明の息の根を止めるような大惨事となることがわかっていただけるだろう[2]。

　NASAが目指していることの一つは、地域規模の災害になるような比較的大きな地球接近小惑星・彗星の大多数を発見し追跡することである。早めに発見することが重要であり、十分な余裕があれば対処できる技術がすでにある。たとえば、脅威となる中規模の小惑星に重量級の宇宙船を送り、小惑星を減速させたり、軌道を変えることができる。結局のところ、恐竜たちには宇宙計画というものがなかった。彼らは絶滅を免れえなかったのである。

■彗星、小惑星、流星体、隕石、流星とは？

　惑星間空間において、太陽を回る軌道を持つ大きな岩石天体を小惑星と呼んでいる（英語では asteroid であるが minor planet ともいう）。小惑星は、近くにある別の小惑星と衝突するということがなければ、彗星のように塵やガスなどの物質を放出するようなことはない[1]。彗星はたいていの小惑星とは異なり、泥の雪玉といった天体である。太陽に接近すると彗星は太陽に熱せられて蒸発を始め、氷に閉じ込められていた塵が放出される。表面近くの氷成分が蒸発によりなくなってしまった彗星、あるいは氷が岩石物質で覆われ熱が通りにくくなっている場合には、もはや彗星というより小惑星と呼ばれるようになる。彗星と小惑星の実質的な違いというのは、ただ一つ、彗星は太陽の近くに来たとき、氷成分や塵を失っていくことである。ガスや塵のみごとな尾を見せることも多いが、小惑星にはこのような現象は見られない。太陽系外縁の天体のように氷で覆われた天体であっても、太陽に十分近づかないため、氷成分が蒸発しないことから、単に小惑星と分類されている。物質が失われていく活動性が認められないので彗星とは見なされないのだ。太陽の近くでは彗星としての活動性を示す天体が、太陽から離れた状況では、小惑星のように活動性がないように見えることもあり、彗星と小惑星を明確に線引きするのはむずかしい。

　小惑星からの小さな衝突破片や彗星からの塵で、直径が10μm（綿繊維の太さほど）から1mサイズのものを流星体〔流星物質〕といい、地球大気に入ってくると大気との摩擦[2]で高温のガスとなり光り輝く。これが流星とか流れ星と呼ばれるものである。ほぼすべての流星が、彗星から放出された砂粒大か小石大の流星体であるが、一方、小さな小惑星や大きな流星体の場合でははるかに明るい火球となる。火球の明るさは、金星のような明るい惑星ぐらいから太陽に匹敵するようなまぶしいものまである。もし、大気圏に突入してきた天体の一部が地表にまで達したら、これを隕石と呼んでいる。

■地球接近天体と潜在的に危険な天体

　太陽 − 地球間距離のほぼ平均的な値を、天文学者は天文単位（AU）と呼んでおり、およそ1億5千万kmである。地球接近天体とは、太陽に1.3AU以

内に接近する小惑星・彗星のことを指している。その軌道が地球軌道とほぼ同じ平面内にあるならば、地球軌道に 0.3AU 以内に接近することになる。いわゆる「潜在的に危険な天体」というのは、一部の地球接近天体であり、地球軌道に 0.05AU 以内まで近づくものを指す。この距離で惑星と接近すれば、地球接近天体の軌道が変わるほど影響を受けることになる。また、「潜在的に危険な天体」は、大きさが約 30m 以上という条件もある。それ以下の場合、地表では、たいした被害が及ばなくなるからである。

　地球接近彗星の数は地球接近小惑星の数の 100 分の 1 以下であるが、彗星の本体である核は、恐竜を一掃したような天体のように巨大な衝突天体となるかもしれない。彗星がばらまく塵も、微小な流星体や流星のもとになっている。彗星の多くが、太陽の近くを通過する際に、核が蒸発していき氷にとじこめられていた塵や砂粒のような粒子、壊れやすい塊を放出し、流星体の群れを生み出している。これらの流星体粒子は母彗星のあとを追うように軌道上を移動していく。地球がこれら塵の群に突っ込んでいくと、流星群が観測される。とくに濃密な流星体の群に地球が遭遇すると、1 時間に数百個、数千個もの流星が見られることもある。毎年のペルセウス座流星群は、スイフト-タットル彗星から出た粒子の群に地球が突っ込んでいくときに見られる現象である。また、11 月のしし座流星群は、テンペル-タットル彗星からの粒子によるものである。

　火星の軌道と木星の軌道の間にある小惑星帯の中で、小惑星どうしの衝突が起こると、小惑星の破片が発生し、これらが地球接近天体になることがある。これらは、地球に衝突する天体の主な源でもあり、隕石の源にもなっている。時がたつにつれ、小惑星どうしの衝突で生み出される一層小さな破片が増えていき、大きな小惑星の数は減っていく。結果として、地球に衝突するような地球接近天体の大多数は、地球大気を通過しきれない小さなものばかりになっていく。地球全体に災害を引き起こすような大きな天体は、地球近傍の空間には比較的少なくなっていくことだろう。

　地球接近天体は現在すぐに研究できる状況にあり、研究室では多数の隕石が化学的・物理的分析にかけられている。十分な研究が行なわれている隕石が、もし特定の小惑星のかけらであることがわかれば、隕石の組成、構造の詳しい知識が、母天体である小惑星の 46 億年前にできた際の化合物や条件についての重要な手がかりとなる。

■地球接近天体の軌道

　地球接近小惑星は、その軌道の特性によって四つのグループに分類されている。太陽を回る地球の軌道は完全ではないが、ほとんど円軌道といえるものである。軌道離心率（e）は、軌道が円からどれだけ違っているかを示しており、完全な円軌道なら離心率は0であり、離心率が1に近づくほど、長細い楕円になっていく。開いた曲線である放物線軌道になると、離心率は1で、さらに双曲線軌道となると、離心率は1よりも大きくなる。ちなみに地球軌道の離心率は0.0167である。地球がその軌道上、太陽に最も近づくのが近日点で、1月上旬に地球がそこを通る。このときの地球から太陽までの距離は約0.983AUである。一方、地球がその軌道上、太陽から最も離れるのが遠日点で、7月上旬に地球がそこを通る。このときの地球から太陽までの距離は約1.017AU[3]である。天体の近日点距離や遠日点距離は、通常、それぞれ"q"、"Q"という文字で示される。天体の楕円軌道の長軸の長さを長径、その半分の長さを長半径（a）と呼んでいる。これらには、互いに数学的な関係がある。楕円軌道については、近日点距離 $q = a(1-e)$、遠日点距離 $Q = a(1+e)$ となる。

　1619年、ドイツの天文学者ヨハネス・ケプラーは、太陽を回る惑星の運動について、基本的な法則を提示した。「年」で表した軌道周期（公転周期）をP、天文単位（AU）で表した軌道長半径をaとすると、Pの二乗がaの三乗に等しいというものである。たとえば、ある地球接近天体の軌道長半径が2であるならば、軌道周期は2.8年となる（すなわち、$2.8 \times 2.8 \fallingdotseq 2 \times 2 \times 2$）。一部の地球接近小惑星と多くの彗星が、地球の軌道面（黄道面という）に対しかなり傾いた軌道を持っている。惑星の中で最も傾いた軌道を持つのが水星で、その角度は7度である。

　地球接近小惑星の四つの軌道分類名は、そのような軌道をもつ実際の天体が名前の由来になっている。地球の軌道を横切るアポロ型は(1862)アポロ から、地球に接近するアモール型は(1221)アモール から、地球軌道を横切り軌道長半径が地球のよりも小さいアテン型は(2062)アテン から、そして完全に地球軌道内部に収まっている(163693)アティラ からアティラ型の名が付けられた。地球軌道に最も似ている小惑星が、アテン型とアティラ型にあり、地球から宇宙船を使って容易に到達しやすい。と同時に、（わずかな軌道変化で）そ

ロックスター：小惑星の命名

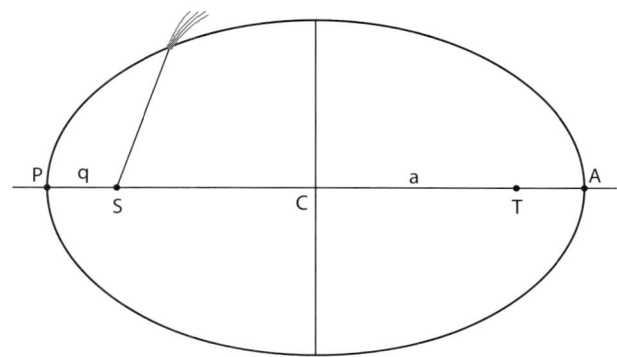

図1.4 軌道の特性。太陽（S）は、小惑星の楕円軌道の持つ二つの焦点のうち、一つの位置を占めている。長軸の半分の長さ（CP）を長半径と呼んでいる。CS/CPの値が離心率である。近日点距離（SP）は通常 "q" で表され、遠日点距離（SA）は "Q" で表される。

表1.1 地球接近天体の定義

小惑星	太陽を回る軌道にある（たいていは）岩石質の天体で、比較的小さく活動性のないもの。
彗星	比較的小さな天体で活動性を示すことがある。太陽に照らされて氷成分が蒸発し、塵とガスからなる「コマ」と呼ばれる大気が形成され、塵とガスからなる尾を形成することもある。
流星体（流星物質とも）	彗星や小惑星から出た粒子。太陽を回る軌道にあり、大きさが1m未満のもの。
流星	流星体が地球大気に突入し気化した際に光り輝く現象。
火球	明るい惑星から太陽に匹敵するような、とくに明るい流星のこと。
隕石	地球大気を通過し、地表にまで達した流星体（流星体のほか、小惑星や彗星の場合であっても、地表にまで達した物体は隕石と呼ばれる）。
地球接近天体	太陽に1.3AU以内まで接近する小惑星・彗星で、軌道の周期が200年未満のもの。
潜在的に危険な天体	地球軌道に0.05AU（約750万km）以内に接近する小惑星・彗星で、衝突による被害が出る大きさのもの。

れらが地球に向かってくることもありえる話となる。

■ロックスター：小惑星の命名

火星軌道と木星軌道の間の領域には、50万個以上の小惑星が、そして地球

地球接近天体
軌道種別	軌道の基準	
アモール型	地球接近小惑星のうち、軌道長半径が1.0AUよりも大きく、近日点距離が1.017から1.3AUの間にあるもの。地球軌道の外側にあるが火星軌道の内側にあるような軌道。	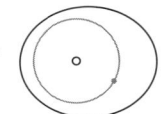
アポロ型	軌道長半径が1.0AUよりも大きく、近日点距離が1.017AUより小さいもの。地球軌道を横切るような軌道。	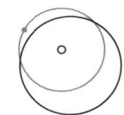
アテン型	軌道長半径が1.0AUよりも小さく、遠日点距離が0.983AUよりも大きい軌道。地球軌道を横切るような軌道。	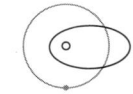
アティラ型	軌道長半径が1.0AUよりも小さく、遠日点距離も0.983AUより小さい。軌道全体が地球軌道内に収まるような軌道。	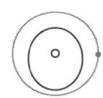

図1.5 地球接近小惑星の軌道による分類

軌道周辺には数千個もの地球接近天体が見つかっている。これらの数は急速に伸びており、次々と発見されている。現在、ひと月に3000個以上の小惑星が発見され、そのうち数十個が地球接近天体として見つかっている。

　彗星が発見されると、通常は発見者名か観測プロジェクト名が付き、また、発見年・時期を示す仮符号が与えられる。仮符号は、発見年のあとに、発見がなされた時期を半月単位で示すアルファベット（IとZは使用しない）が続く。たとえば、2011 A2という仮符号の場合、2011年の1月前半の2番目に発見された彗星であることを示している。周期彗星であるスイフト－タットル彗星は1862年7月16日、ニューヨーク州マラトンのルイス・スイフトによって発見されたが、その3日後、ハーバード大学のホレス・タットルが独立に発見していた[4]。こうして、スイフト－タットル彗星という名が付けられ、7月後半に発見された最初の彗星ということで仮符号はP/1862 O1となった。Pという記号は周期的に太陽の近くに戻ってくる周期彗星であることを意味している。いったん、正確な軌道が求められるほど、多くの観測がなされると周期彗星には、Pの前に確定番号が付けられる（例、1P/Halley, 109P/Swift-Tuttle）。同様に、小惑星についても当初は、発見年や半月区切りの発見時期、その期間

中の発見順を示す仮符号が付く。その後、十分な観測が行なわれ、正確な軌道が求められるようになると、小惑星登録番号という通し番号が与えられる。その段階で、小惑星の発見者には、その小惑星に名前を与える権利[3]が生じる。人名、地名など発見者が何かにちなむ名前を付けることができるが、死亡して百年以上経過していない政治家、軍人の名前については除外される。ペットの名も除外されており、名前を提案する権利を売買することも禁止されている[5]。こうしたルールがなかった時期も長くあり、また厳格に順守されないこともあったため、実際には犬の名を持つ小惑星が三つ[4]、ネコの名[5]を持つ小惑星が一つ存在する。小惑星の名前はかなり多数あり、中には小惑星の名前としてはなんとも恥ずかしくなるようなものもある。たとえば、登録番号が 9007, 673, 449, 848, 1136 になっている小惑星の名前をつなげると、James Bond Edda Hamburga Inna Mercedes となる[6]。

　もし小惑星にあなたの名前が付けば、その小惑星はあなたより何百万年も長生きするだろうから、永遠の命のようなものが感じられるかもしれない。小惑星 2956 にはヨーマンズという名前が付けられている。この 9km サイズの岩石質小惑星は、筆者がこの世を去ったのちもずっと、火星軌道と木星軌道の間を回ることだろう。小惑星には、よく重要な科学者やアーティスト、熱愛されるミュージシャンやクラシックの作曲家の名が付けられることがある。たとえば、(2001) アインシュタイン、(6701) ウォーホール、(8749) ビートルズ、そして (1814) バッハなどがある。

■地球接近天体の重要性

　比較的小さな天体である彗星や小惑星が、地球接近天体を構成しているが、これらは惑星の単なる小型版ではない。惑星が形成されていったプロセスの残骸といった方がよく、惑星形成プロセスからの変化をあまり受けなかった天体ということができる。したがって、約 46 億年前に惑星が誕生した際の、化学的・熱的条件を調べる手がかりになる。太古の地球に炭素化合物や水をもたらしたのも地球接近天体だったのかもしれない。もしそうなら、地球上に生命を生み出した原因ともいえる。引き続く衝突は、進化の歩みを止め、哺乳類など環境に最も適応した種だけにさらなる進化を許す。ある意味で、人類の存在や人類が食物連鎖の頂点にあることは、地球のお隣さんであるこれら地球接近天体の

おかげといえよう。

　地球接近天体はまた、将来の有人探査のターゲットであり、惑星間コロニーにとっての資源でもある。こうした天体には豊富な金属鉱物があり、惑星間のシェルターや住居の建設に使うことができる。地球接近天体からの含水鉱物や粘土鉱物、氷は、生活用水として使われるだろうし、水は水素と酸素に分解し最も効率的なロケット燃料として使われるだろう。こうした地球接近天体がいつか、惑星間の水補給場や燃料補給ステーションになる日がくるかもしれない。

　2010年4月、オバマ大統領は、火星有人探査に向けての足掛かりとして、地球接近小惑星への有人探査が妥当かどうか、NASAに諮問をした。数年間の火星飛行に必要な宇宙技術や危険性のテスト・評価を、地球接近小惑星でははるかに安全、短期間に実施できる。皮肉なことに、到達しやすい小惑星というのは、将来に地球に接近する可能性が高い非常に危険な天体でもある。地球接近小惑星を探査することで得られる同天体の構造や組成の知識は、将来の有人火星探査だけでなく、地球衝突コースにある小惑星が見つかったときにも大いに役立つことだろう。

第2章
太陽系の起源——従来からの有力説

これは小さな、遠い世界からのプレゼントです。
私たちの音声、科学、画像、音楽、思考、情感を表したものです。
私たちの時代を超え、みなさんのもとに届くことを願っています。

——アメリカ大統領ジミー・カーター

■はじめに

　1977年9月5日、ボイジャー1号がフロリダ州ケープカナベラルから打ち上げられ、大胆な惑星間飛行を開始した。撮像カメラや、巨大ガス惑星である木星・土星の大気や周囲環境を測定する科学機器のほか、探査機には金メッキを施した銅製レコード盤も積まれていた[1]。このレコードには、当時のジミー・カーターアメリカ大統領やクルト・ワルトハイム国連事務総長からのメッセージ、55ヵ国の言語による挨拶、そして風や雷といった自然界の音などが収められている[1]。さらに、さまざまなジャンルの音楽が27曲入っている。たとえば、バッハのブランデンブルグ協奏曲第2番第1楽章や1958年のロックンロール・クラシック、チャック・ベリーの「ジョニー・B. グッド」などである。後者は、『ローリングストーン』マガジン（2008年版）のすべての年代のグレイテスト・ギターソング100曲で第1位となった曲である。

　高速ライフル銃の弾のざっと17倍という17km/sという速度で、ボイジャー1号は、現在太陽から遠ざかりつつある。これほどのスピードで遠ざかる探査機は、ほかにない。ヨハン・セバスチャン・バッハやチャック・ベリーとともに地球を越えた惑星間への飛行であった。1977年9月の打ち上げから3ヵ月とかからずに、ボイジャー1号は火星軌道（太陽から約1.5AU）を通過した。火星そのものには接近していない。その3ヵ月後には、火星と木星の軌道（5.2AU）の間にある小惑星帯の中（2.5AU）を通過した。地球接近小惑星の大

部分が、もともとは小惑星帯の火星軌道寄り領域にあったもので、木星や土星の重力の影響を受けて、地球軌道近くの軌道に変えられたと考えられている。1979年3月、ボイジャー1号は木星に達した。木星の軌道上には、木星の前方と後方にトロヤ群小惑星が分布している。ボイジャー1号は木星の中心から、木星半径の5倍以内にまで接近した[2]。木星の重力を利用して、勇敢な旅行者であるバッハとチャック・ベリーは、土星（太陽からの平均距離は9.5AU）へ20ヵ月の旅に向かった。1980年11月、土星最大の衛星タイタン（チタン）へ7000km以内に接近した[3]探査機は、その結果、惑星たちの軌道面から離れ、それ以降はもう惑星に接近することはなかった。それでも探査機は、1984年4月には天王星軌道の距離（19.2AU）に達し、1987年4月には海王星軌道の距離（30.1AU）に達した。

　海王星軌道を越え、太陽から35〜50AUの領域には小さな氷天体が平たいドーナツ状に分布する、いわゆるカイパーベルトが存在する[2]。準惑星である冥王星は、カイパーベルト天体で最大級のものとなっている。冥王星は、2006年、無慈悲な国際的な天文学者グループによって惑星という地位から降格されてしまった[3]。1992年末には、「不活発な彗星」ともいうべき天体が分布する、ドーナツ型のカイパーベルトをボイジャー探査機は無事に通過した。短周期彗星は、カイパーベルト、あるいはその境界とされる50AUを越え300AU程度の遠方、「散乱円盤」と呼ばれる領域から来ていると考えられている。それらは、近日点付近で海王星の重力を受けることで近日点距離がより短くなることが考えられる。セントール天体（ケンタウルス天体）と呼ばれるものは、木星と海王星軌道の間にある氷天体で、散乱円盤から太陽系内側領域への移行段階にあるのではないかと考えられている。天王星、土星、さらに木星の重力が次々にセントール天体の軌道を乱していき、ついに木星による重力影響下にある短周期彗星になる。一部の偏狭な太陽科学者は、カイパーベルト以遠を太陽系の果てだとしているが、バッハとチャック・ベリーの現在のスピードでは、太陽系の真の果てであるオールト彗星雲に達するのにあと2万8000年はかかるだろう[4]。オールト雲という名は、1950年にそのアイデアを提示したオランダの天文学者、ヤン・オールトにちなむものである。彼は太陽から1000AUから10万AUの領域に、1000億個以上の彗星状氷天体が分布し、ここが太陽の重力がかろうじて及ぶ限界であると考えた。オールト雲は、いわゆる長周期彗星の源である。活動性のある長周期彗星は、地球接近小惑星に比べ、めったに地

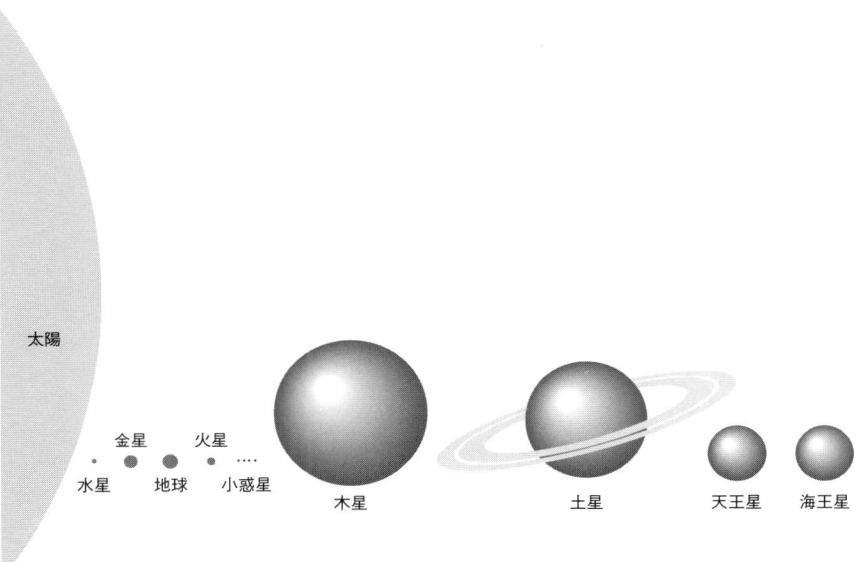

図2.1　8大惑星の大きさは、最も小さい水星が直径4879kmで最も内側の軌道を回っている。最大は木星で赤道直径は約14万3000kmで、水星の29倍以上である。比較のため、地球の赤道直径は1万2756km。図の惑星の大きさ比率はほぼ実際のとおりだが、惑星間の距離は実際の比率にはなっていない。

球に接近することはない。それでも、長周期彗星が地球に衝突するとすれば、悪夢以外のなにものでもない。というのは、まず長周期彗星の多くが巨大であるためで、木星軌道よりも太陽に近づいた時点ですでにコマや尾が発達し活動的になり、発見されやすくなる。遠日点がオールト雲の外縁に達しているような長周期彗星では、オールト雲の外縁から木星軌道内までやってくるのに1000万年程度かかることになる。ところが、木星軌道から地球軌道まではたったの9ヵ月しかかからない。もし、木星軌道のすぐ外側で発見され、その後地球衝突コースにあることがわかったとしても、対処の時間はわずか数ヵ月ということになってしまうだろう（詳しくは第10章を参照）。

1997年、太陽系中心部で素晴らしい姿を見せてくれたヘール‐ボップ彗星の核は直径60kmと見積もられている。現在、太陽のまわりを約2500年[4]で回る楕円軌道上にあり、その軌道は約370AU[5]まで伸びている。このため、この彗星は、カイパーベルトを越え、散乱円盤の領域にいる時間がほとんどで

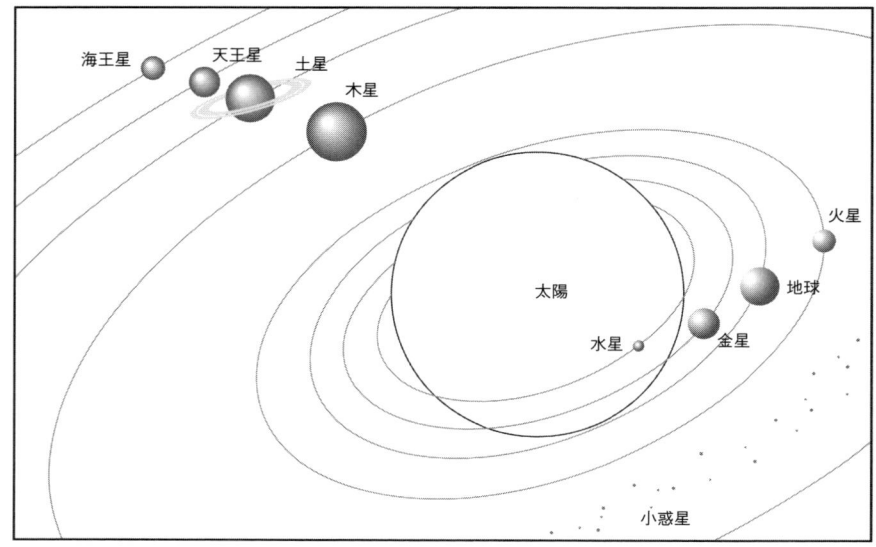

図2.2 この模式図は、8惑星の太陽からのおよその距離を示したものである。水星、金星、地球、火星、木星、土星、天王星、海王星それぞれの半長径は、約0.4、0.7、1.0、1.5、5.2、9.5、19.2、30.1AUとなる。

ある。ヘール‐ボップ彗星は太陽の重力に拘束されているが、ボイジャー1号がオールト雲の外縁に達したとき、同探査機は太陽系を脱したということになるだろう。そのとき、ボイジャー1号は特定の星に向かっているわけではないが、太陽に最も近い恒星（プロキシマ・ケンタウリまでの距離4.24光年、約26万8000AU）の3分の1以上（37％）の距離を通過していることになる。現在の速度でいけば、バッハとチャック・ベリーはプロキシマの距離に達するまで7万5000年ほどかかることになる。

　金色のレコードはボイジャー1号に取り付けられているものの、銀河系内にある遠方の星を回る惑星の知性体にまで、そのレコードが届く可能性はほとんどない。今後何十万年にわたっても、宇宙人がバッハのブランデンブルグ協奏曲やチャック・ベリーのロックンロール・クラシックを楽しむチャンスはないに等しいほど小さい。だが、そうであっても、いつか遠方の星のまわりの生命の住む惑星に探査機が到達し、進んだ文明が探査機を博物館に陳列してくれるかもしれない。彼らの目には、未熟で粗雑な探査機に見えるかもしれないが、地球という浜辺から宇宙という大海原へ漕ぎ出そうとする、遠くの種族の持つ

太陽系現在の天体配置

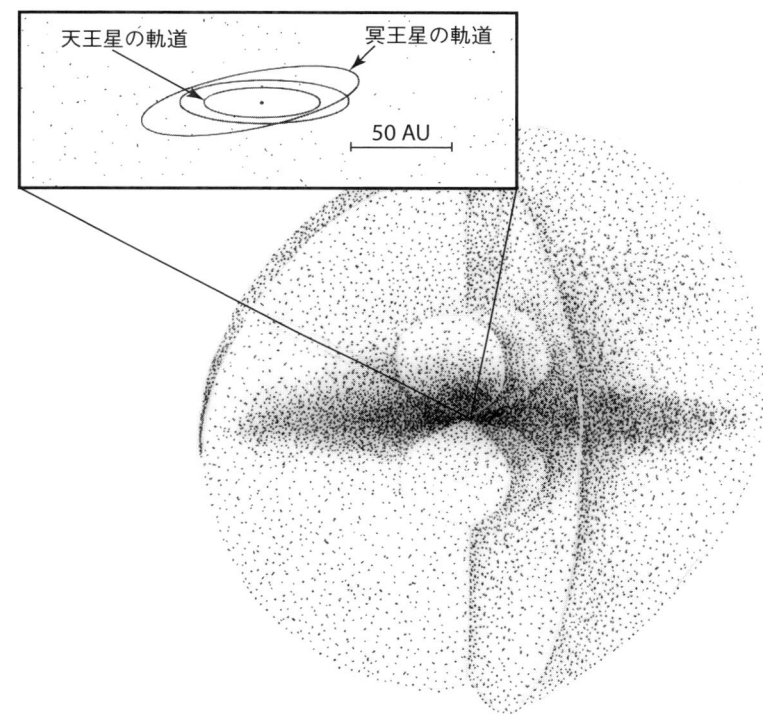

図2.3 カイパーベルト。最遠の惑星、海王星の軌道を越えた領域に比較的平板に分布する彗星状天体。およそ50AUまで分布している。準惑星の冥王星はカイパーベルト天体で最大級の天体である。散乱円盤領域の彗星状天体の分布は300AU以上にまで広がっており、カイパーベルトほどは平板でない。1000億もの彗星状天体がオールト雲に存在していると見られ、その外縁は約10万AUにまで広がっている。そこではもはや太陽の重力が彗星状天体を拘束しておくことができない。

好奇心の証なのである。

■太陽系現在の天体配置

　太陽系の全質量のざっと99.9％が太陽にあり、残りの筆頭が木星で、この木星の質量は、太陽系のその他すべての質量を合わせたものの1.5倍以上ある。こうして、支配者は太陽であり、木星は惑星系における大きな子供ということになる。土星は木星に次ぐ大きな質量を持っており、当然のことながら、小惑星帯から地球軌道近傍への軌道進化を左右しているのが木星と土星の重力なの

29

第2章　太陽系の起源——従来からの有力説

である。表 2.1 には、太陽からの距離と、各惑星・彗星・小惑星のおよその質量がまとめてある。

■太陽系の起源

　太古の隕石に含まれる同位体比の測定から、太陽系は約 46 億年前にできたことが知られている[5]。太陽系の歴史を巻き戻すには、今日私たちが見ている惑星配置が過去においても同じだったと仮定するのが普通である。科学者はよく「モデル」という用語を使うが、これは、仮定や数学的関係、データ、推論などからなる体系のことで、科学的プロセスや一連の事象を表す基礎となる。こうしたモデルがうまく当てはまるものなのかどうか、新たな観測でテストする必要があり、それが科学的方法というものの主要部分になっている。モデルによって予想された内容が、新たな観測と合致するかどうか、合致すればそのモデルが 1 点を獲得することになる。もし合致しなければ、新たなモデルが必要になるか、少なくともモデルの修正が求められ、改めて予想が立てられることになる。再びテストが行なわれ、こうしたことが繰り返されていく。クリエイショナリズム（天地創造論）のようなモデルは、信仰や感情的主張に基づくもので、科学の守備範囲外である。テストするわけにもいかない。最近まで、太陽系の起源のモデルはかなり解明が進んだものと考えられ、数多くの教科書に星雲説として載っていたものだった。ところが、太陽系内で（このモデルに合致しない）やっかいな観測があり、また、太陽系外惑星でも従来のモデルでは説明できないような観測が見つかってきた。まずは、星雲説と呼ばれる従来の太陽系形成モデルを見ていこう。そのあとで、この従来モデルとは合わない観測について調べていくことにしよう。次の章では、星雲説では説明できなかったいくつもの点が説明できる新たなモデルについて紹介する。そのモデルでは、太陽系外に最近見つかった変わり種の惑星系についても説明がつくものがある。この新モデルは「ニースモデル」と呼ばれている。フランスのニース（Nice）に居住、あるいは一時滞在していた科学者らによって作られたモデルだったからだ。（英語で Nice Model と書くが）確かにナイス（見事）なモデルである。

　現代の星雲説というのは、太陽系がガスと塵からなる巨大な星雲から始まったという仮定を置いている。そうした星雲は銀河系内のいくつもの領域で多数

表2.1 各惑星・冥王星・太陽系小天体の太陽からの距離と質量

天体	太陽からのおよその距離 （単位は AU）	質量 （地球の質量を1とする）
太陽	0	333,000
水星	0.39	0.055
金星	0.72	0.815
地球	1.0	1.0
月	1.0	0.012
火星	1.52	0.107
小惑星	2～4	6×10^{-4}
木星	5.20	317.83
トロヤ群	5.2	10^{-5}
土星	9.54	95.16
天王星	19.18	14.54
海王星	30.06	17.15
冥王星	39.47	0.002
カイパーベルト	35～50	< 0.1
オールト雲	1,000～100,000	4～80

注：太陽の質量は 1.99×10^{30} kg であり、地球の質量は 5.97×10^{24} kg である。

観測されているものだ。こうした星雲の成分はほとんどが水素ガスで、一部がヘリウム、そして塵である。塵には周期律表のほとんどの元素が含まれている。原始太陽系星雲は一様ではなく密度にムラがあり、あちこちに物質の塊が生じていた。重力により星雲は収縮していき、角運動量を保ちながら、ゆっくりと回転を速めていった。ちょうどアイススケーターが伸ばした腕を体に寄せていくとスピンが速まることと同じ理由である。回転が速まると回転面方向には重力に釣り合おうとする遠心力が働くが、回転面に垂直な方向にはそうした力は働かない。その結果、ガスと塵の星雲はフリスビーのような円盤型になっていく（原始惑星系円盤という）。中心部には物質が集まっていき、一層収縮していく。温度が100万度に達したとき、水素がヘリウムに変換される核融合反応が起きるようになる。太陽の誕生である。以上のような原始太陽系星雲の収縮は10万年足らずのうちに進行すると考えられている。太陽系のスケールでは極端なほど短時間である。

　もっと長期の1億から10億年の時間スケールでは、原始太陽系星雲の回転面に向かって塵粒子が降り積もっていき、粒子どうしが小さな相対速度でぶつかる。静電気の力で粒子どうしがくっついた状態になり、さらに別の粒子と衝突していく。こうして粒子は次第に密で大きな粒子に成長していく。集積粒子

どうしが十分低速度で衝突しているかぎりは、粒子の成長は急速に進んでいく。質量の大きな粒子ほど一層効率的に周囲の粒子を集めていく[6]。こうしてできる惑星形成素材は微惑星と呼ばれるが、大きさはキロメートルサイズかもう少し大きい程度で、原始惑星になる前の段階である。原始惑星の最終的大きさがどれくらいになるのかは、その惑星ができる場所の太陽からの距離や星雲の密度・組成による。太陽を回る軌道にある微惑星は、質量で勝る原始惑星にゆっくりと接近され、取り込まれる。原始惑星に取り込まれなかった微惑星は、原始惑星の重力によって軌道が乱され、別の惑星としてまとまることができなかった。木星の圧倒的な質量は、急速な成長過程の結果であると見られている。木星の重力は、木星より内側にあった微惑星の軌道を乱し、相対速度を増加させた。こうして、今日の小惑星帯にある小惑星は、惑星として集まりきれなかった残存天体ということになる。これらの天体がなければ、地球接近小惑星もほとんど存在していなかっただろう。

■ウォーターワールド

原始惑星系円盤において、水素分子に次いで豊富な分子は水の分子であった。ヘリウムは酸素よりもはるかに豊富に存在していたが不活性で、他の元素と結合しにくかった。一方、酸素は、水素やヘリウムに次いで豊富な元素で、水素とも容易に結合し水分子を作った。太陽形成から約100万年後、太陽はTタウリ段階と呼ばれる過程に入る。この段階の原始太陽系星雲で、太陽寄りにあった水素やヘリウムといった軽いガスは、（Tタウリ段階の強い太陽風によって）吹き払われてしまい、岩石質の惑星が残った。一方、木星や土星は巨大ガス惑星といわれるほど、水素やヘリウムガスに富む天体となった。

スノーラインと呼ばれる理論的な境界がある。原始惑星系円盤で、スノーラインの内側は比較的暖かいため、水は気体として存在するが、スノーラインの外側では低温のため、水は氷の粒として存在し、低速で衝突すればくっつきあい、微惑星の急速な成長へと発展していく。現在の太陽系では、スノーラインは4AUあたりになるが、原始惑星系円盤では塵によって不透明さがあるため、スノーラインはもっと内側（火星寄り）だったはずである。その結果、小惑星帯の一部の小惑星には（H_2Oの）氷でできているものがあるはずで、実際、最近になって、小惑星帯に彗星としての活動を示す天体が発見されている[7]。

太陽系形成モデルのほとんどで、地球はスノーラインの内側にあり、太陽の熱と微惑星の衝突で発生する熱により、水分の少ない乾いた天体として誕生したことになっている。月をも生み出したこうした太陽系初期の衝突期に続いて、後期重爆撃期と呼ばれる天体衝突が約39億年前の地球や月に起こったと考えられている。どのようにして、現在のような地球の海洋ができたのだろうか。氷成分を持つ地球接近天体が、地球の水の少なくとも一部をもたらしたことを第4章で解説する。液体の水は、複雑な炭素ベースの生命を維持していくのに不可欠である。かなりの量の液体の水を表面にたたえている惑星は、太陽系内では地球以外に存在しない。その水の量は地球質量の約0.02%にもなる。地球は太陽系において、絶妙なゴルディロックス・ハビタブルゾーン[6]に位置している。地球の位置であれば、水が凍結したままにもならず、沸騰してしまうこともない。さらに幸運なことに、地球全体が水に覆われるわけでもなく、技術文明に必要となる乾いた陸地も存在しているのである。太陽系誕生の過程で、膨大な微惑星のほとんどがそのまま生き残ることなく、惑星へと取り込まれていったか、巨大惑星（特に木星）の重力で軌道を変えられ太陽に突っ込んでしまったか、あるいは軌道が変えられ太陽系から放り出されてしまった。それでも、わずかなパーセンテージの微惑星が生き残った。太陽系の太陽寄りの領域では、岩石質の微惑星が小惑星帯に残り、もっと外側では氷成分の微惑星がカイパーベルトに残った。それらの一部は海王星の重力で弾き飛ばされ、散乱円盤領域に追いやられた。カイパーベルトよりも内側（木星と海王星軌道の間）で生まれた多数の氷天体は、その軌道長半径、近日点距離、軌道傾斜角が天王星や海王星の重力で乱され、はるかなオールト雲へ飛ばされていった。

　太陽系誕生の過程を調べていくと、地球接近天体を構成する小惑星や彗星を研究する科学的な理由がよくわかる。おおむね、太陽系の惑星形成の残りものが、太陽に近い領域では小惑星、太陽から離れた領域では彗星となったのである。小惑星や彗星は太陽系で最も始原的な天体で、太陽系初期の状態からあまり変化していない可能性がある。約46億年前、惑星ができたときの物質の化学組成や熱的環境を知るには、小惑星や彗星のサンプルを採取し徹底的に分析することが重要である。地球接近天体はその名のとおり、地上からだけでなく宇宙探査機からも観測が容易である。そうした小惑星や彗星の表面からサンプルを取り地球に回収すれば、それらの物理的性質や元素組成・鉱物組成、形成年代、熱的環境といった内容を詳しく調べることができる。

■玉にきず

　現代の星雲モデル[7]は、その単純さと論理的であることが魅力といえる。内側の岩石惑星（水星、金星、地球、火星）は比較的小さいが、それは、惑星形成時、原始惑星系円盤の塵やガスのほとんどが（当時の強い太陽風で）吹き飛ばされてしまったからである。一方、スノーラインを越えた木星、土星、天王星、海王星の領域では、水蒸気が結晶として凍りつき、それら氷粒子が相互衝突時の接着剤の役割を果たしたため、巨大な惑星（木星、土星はガス惑星、そして天王星、海王星は氷惑星）が成長したのである。木星が暴走的に成長したことにより、火星軌道と木星軌道の間には惑星が成長できなくなった。木星の影響力の証としてそこに残ったのが小惑星帯である。海王星軌道を越えた領域では太陽から遠くなるにつれ、原始太陽系星雲の密度は下がっていった。このため、（そうした場所で成長した）カイパーベルトの天体やオールト雲に放り出された彗星状天体[8]は、ほどほどの大きさにとどまった。このように、現代の星雲モデルは実に魅力的であるのだが、残念なことにいくつかの問題もある。そのうちの四つは以下のようなものである。

　(1) 太陽系形成の星雲モデルでは、天王星・海王星が現在の位置（それぞれ太陽から19AU、30AU）で誕生したとすると、天王星・海王星の現在の質量が説明できない。

　(2) 冥王星やカイパーベルトのエリス並みの大きさの天体を生み出すには、カイパーベルトの位置に地球質量の10倍以上の物質があるはずであるが、現在では地球質量の0.1倍以下の物質しかない。

　(3) 惑星系を越えた彼方にオールト彗星雲の存在が予想されるが、彗星雲の質量は、予想されるものよりかなり大きい。

　(4) 内側には小さな岩石惑星、スノーラインを越えたところにはガスや氷の巨大惑星ができるという太陽系のパターンは、太陽系外惑星の最近の観測とはあまり一致していない。

玉にきず

　こうした問題点を解決するニースモデルについて、次の章で詳しく見ていこう。同モデルでは、外側をまわる巨大惑星やカイパーベルトが、もともとは現在と異なる場所で形成されたという注目の提案がなされる。

第 3 章
地球接近天体は、どこで、どのようにしてできたのか？

彗星と小惑星は、太陽系形成期の残り物。

■重力アシスト

　母なる自然には保存性がある。とくに、太陽系天体の軌道エネルギーについてはそうだ。二つの天体が接近通過するとき、一方の天体がエネルギーを得ると、もう一方が同じだけエネルギーを失う。たとえば、ボイジャー1号が1979年に木星に接近した際も、探査機は軌道エネルギーを大きく増加させた一方で、木星は同じ分の軌道エネルギーを失っている。もちろん、木星は探査機の2兆倍の1兆倍も重いため、木星への影響はないに等しい。疾走するトレーラーが接近してきたハエから受ける重力の影響ほどもない。それでも、太陽系形成時に、無数の微惑星と、はるかに重い原始惑星との接近が起こったとき、軌道エネルギーの保存は重要なポイントであった。

　微惑星の軌道エネルギーはその軌道長半径によって変わり[1]、軌道長半径が大きくなるほど軌道エネルギーも大きくなっていく。軌道のサイズが拡大していくわけである。重い惑星の近傍にある微惑星は、その惑星にしばしば接近して、軌道エネルギーを得るか失うかすることになり、結果として、軌道長半径が増大するか減少する。図3.1の説明のように、重たい惑星の後方から彗星が接近通過する場合には、惑星が失った分の軌道エネルギーを彗星が得て、彗星の軌道長半径が増大する。同様に、惑星の前方で接近通過する場合には、惑星が得る分の軌道エネルギーを彗星が失い、彗星の軌道長半径が減少する。惑星の質量は彗星に比べ圧倒的に大きいため、1回の接近通過による惑星の軌道長

第3章 地球接近天体は、どこで、どのようにしてできたのか？

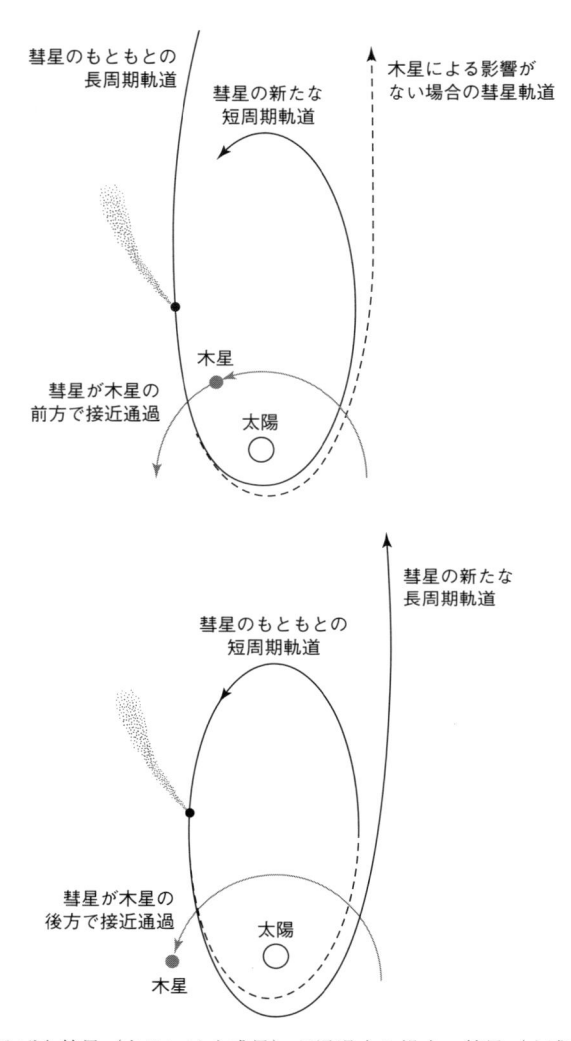

図3.1 惑星のそばを彗星（あるいは小惑星）が通過する場合、彗星（小惑星）のその後の軌道が変わる。惑星の進行方向前方で通過する場合、軌道エネルギーが減り、太陽を回る軌道周期が短くなる。また、惑星の後方において通過する場合には、軌道エネルギーが増し、軌道周期は長くなる。たとえば、上図に示したように、彗星が木星の前方で接近通過する場合、軌道エネルギーが減り、接近前に比べ軌道周期が短い軌道に移る。下図は、彗星が木星の後方で接近通過する場合で、軌道エネルギーが増え、結果として軌道周期が長い軌道に移る。宇宙探査計画ではこうした惑星からの重力アシストをよく利用しており、太陽系の遠隔地に探査機を送る際、ロケット燃料を減らすことができる。

半径の変化は無視できるものの、こうした接近通過が何億年もの間に繰り返されていくと、惑星の軌道長半径の変化はかなりの量になっていく。
　ウルグアイの天文学者、フリオ・フェルナンデスと同僚で台湾の葉永烜（Wing-Huen Ip）は、1984年に発表した論文の中で、太陽系形成時に惑星移動が起こったことを提唱した。これは新時代を画する研究であったにもかかわらず、当時はあまり注目されなかった。それから11年後、アリゾナの科学者であるレヌー・マルホトラが、惑星移動のアイデアを使って、冥王星の大きな離心率（0.25）や軌道傾斜角（17度）をうまく説明する研究を発表した。最近になって、第2章で概説したような星雲モデルの問題点のいくつかが、惑星移動によって解決できることがわかってきた。星雲モデルの問題点には未解決のものがまだ一つ、二つ残されているものの、現代の太陽系形成論において「惑星移動」というアイデアが重要になってきている。
　太陽系形成時の惑星移動はまちがいなく起こっていたと思われる。オールト雲の領域へ微惑星を弾き飛ばす反動として惑星移動が起こった。一つの巨大惑星が、その軌道周辺の微惑星を弾き飛ばしても、軌道の内側と外側へほぼ同じ割合で弾き飛ばすので、惑星の軌道はほとんど変わらない。しかし、実際の太陽系では、弾き飛ばされる微惑星の行き先は、惑星軌道の内側と外側に対照的とはならなかった。
　太陽系形成時の海王星と木星の行方を追ってみよう。両惑星とも、氷微惑星が重力で引き合い塊を作って、大きな惑星へ成長していった。誕生した両惑星と、海王星軌道を越えた領域に残された微惑星帯は、太陽の周囲をほぼ円軌道で回っていた。微惑星帯の中の海王星寄りにあった微惑星と、海王星とが頻繁に接近し重力で引き合う中で、さらに微惑星が海王星に取り込まれていく一方、ほとんどの接近では単に散乱されるだけだった。当初、海王星は、微惑星を内側（太陽に近い側）と外側（太陽から遠い側）それぞれに、ほぼ等しい数の微惑星を散乱していた。外側に散乱された氷微惑星のほとんどはオールトの彗星雲となっていったか、あるいは海王星軌道付近に戻ってきた。海王星の場合、多くの微惑星を太陽系から完全に放り出すには力不足だった。一方、内側に散乱された微惑星は、天王星、土星、そして木星による影響を受けることになった。海王星の20倍も質量の大きいのが木星である。天王星や土星であっても木星にはかなわない。（天王星や土星でも）微惑星を太陽系から完全に放り出すには力不足であったが、内側に散乱され、木星の影響下に入った微惑星では、

困難もなく太陽系から放り出されてしまう。海王星によって内側に散乱された低エネルギー微惑星は、木星により効果的に排除されてしまう。こうして、海王星と遭遇した微惑星はその後、海王星よりも大きな〔単位質量当たりの〕軌道エネルギーを持つようになる。次々に起こる微惑星との接近や散乱で、海王星のエネルギーや軌道長半径は増大していき、程度は少ないものの、天王星や土星の軌道長半径も増加するが、木星の軌道はわずかに小さくなる。木星は微惑星を太陽系から完全に放り出した反動で、その分エネルギーを失うのである。

■太陽系の形成：ニースモデル

原始太陽系星雲では、塵粒子や氷は無数の微惑星として集まった。その後、そのほとんどが惑星形成に消費され、太陽に落下したり、あるいは太陽系から完全に放り出された。わずかに残ったもの（それでもかなりの数の微惑星である）が、今日の太陽系を形作る一助となったのである。4人の科学者は、太陽系形成のさまざまな過程を説明できる、いわゆるニースモデルというものを作り上げた。アレザンドロ・モルビデッリ、ハル・レヴィスン、クレオメニス・ツィガニス、そしてロドニー・ゴーメスらは、地中海に望むフランスはリヴィエラのニースで、多くの研究時間を費やし、まさに苦境に耐えたのである。彼らが構築したモデルは、ニースモデルとして知られているが、彼らはちゃっかりナイスモデルと呼んでいる。

このモデルのコンピューター・シミュレーションでは、微惑星を模した数千個もの粒子それぞれに初期位置・速度を与え、設定した諸惑星との重力作用のもと、長期にわたって何が起こるかを調べる。スタート時点での微惑星の質量・位置や原始惑星の位置を調整し、それらが互いの重力で引き合いながら、最終的に現在私たちが見ているような太陽系の姿がほぼ再現できれば目的達成である。コンピューターがほとんどを行なうにせよ、これは本当にたいへんな作業だ。その間、4人の科学者は地中海を眺めながら、次のシミュレーションのことを考えていたのかもしれないが、それは仕事場からそうした眺めが得られない科学者のやっかみというべきだろう。

水星、金星、地球、火星、木星、そして土星は46億年前にも、今とほぼ同じ場所にあったのだろうと信じられている。天王星と海王星の形成には、さらに数億年かかったと考えられている。ニース・コンピューターモデルでは、惑

星はすでにできていると仮定し、原始太陽系星雲のガスは吹き払われているものと仮定している。現在の太陽系をほぼ再現できたモデルの一つでは、木星、土星、天王星、そして海王星がそれぞれ太陽から 5.45、8.18、11.5、14.2AU 離れた円軌道上にあり、同一平面上にあった。これら惑星の現在の位置は、太陽からそれぞれ 5.2、9.5、19.2、そして 30.1AU である。ニースモデルでは、太陽から 15.5 〜 34AU には、地球 35 個分の質量に相当する微惑星が平たいドーナツ状に分布していたが、これは初期の諸惑星が存在していた領域のすぐ外側である。初めは、4 大惑星（木星、土星、天王星、海王星）はとくに変化なく太陽のまわりを周回しているが、近くの微惑星を散乱させているうちに巨大惑星たちの動きが徐々に変化していく。木星がわずかに太陽方向に移動する一方、他の 3 惑星、とくに海王星は太陽から離れていった。この秩序立った惑星移動のプロセスは、やがて劇的な段階を迎える。数億年間にわたる惑星移動の結果、土星が太陽から 8.65AU に達したとき、軌道周期は 25.4 年となり、木星は太陽から 5.45AU 付近で軌道周期は土星のちょうど半分となる。したがって、木星が太陽を 2 周する間に土星は 1 周し、軌道上の同じ場所で接近することになる。25.4 年ごとに互いに接近し引き合うため、それぞれの軌道離心率が現在の値程度にまで増大する。土星と木星の軌道周期が 2：1 になることから、科学者らはこの状態を、「土星と木星が 2：1 の平均運動共鳴になる」と表現している。木星、土星からの重力により、天王星と海王星の離心率も増大する。もともと、軌道相互の間隔が狭かったこと、そこに軌道離心率が増大したことで主要な惑星の軌道が互いに横断するような状態になり、惑星同士の接近の可能性が生まれた。これが、その後のカオス的な軌道運動のきっかけとなる。惑星移動とこのカオス的な運動の結果として、巨大氷惑星である天王星と海王星の軌道はいずれも拡大していき、ついには、もともと海王星軌道があったすぐ外側の微惑星円盤に突き進んでいく。天王星・海王星に散乱された微惑星が、内側の土星や木星に向かっていく微惑星を増加させることにもなった。こうして、惑星移動の過程は急激に進み、それは微惑星円盤がほぼ枯渇するまで続いた。海王星軌道は太陽から 30AU まで移動した。存在していた微惑星円盤は、そのすぐ外側で終わっていたからである。散乱される微惑星はもう残っていなかったため、海王星はそれ以上外側へ移動できなかった。

　ニースモデルにおける加速的なこの惑星移動は、今日の太陽系に見られるさまざまな特徴を説明できる。

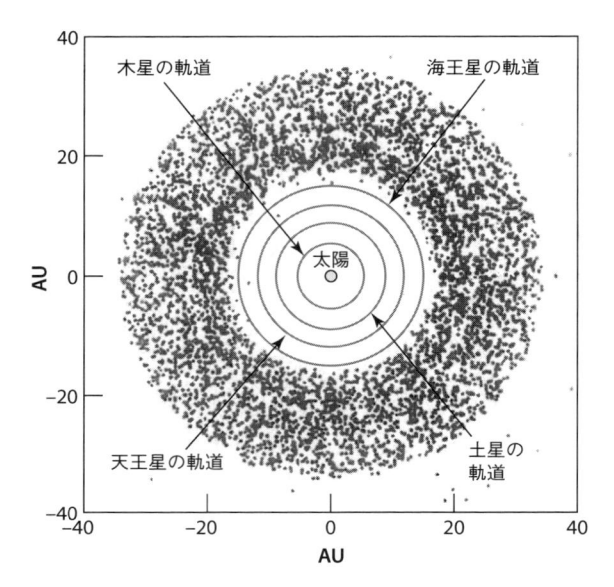

第3章 地球接近天体は、どこで、どのようにしてできたのか？

図3.2 太陽系の起源を説明するニースモデルの一つのケース。木星、土星、天王星、そして海王星が現在の軌道ではなく、それぞれ太陽から 5.5、8.2、11.5、14.2AU という距離に円軌道で存在していたとするもの。ニースモデルでは、海王星の外側、15.5 ～ 34AU 付近に微惑星が密に分布していた領域があったと仮定する。何億年にもわたる、惑星相互、そして微惑星との重力による引き合いの結果、木星は内側（太陽方向）へわずかに移動し現在の軌道位置に落ち着き、土星、天王星、海王星は外側へ移動し現在の軌道に移った。こうした惑星移動の過程で、微惑星の 99％は当初の軌道位置から散乱された。

　外側の巨大惑星は、ニースモデルでは太陽により近い場所で形成されたことから、微惑星密度も高くなり形成上の問題はなくなる。ニースモデルでは、微惑星円盤のもともとの質量を地球の 35 倍と仮定すると、巨大惑星の現在の位置への移動や移動の速さが説明できる。さらに、巨大惑星の円軌道からのずれや軌道面の傾きもうまく説明がつく[1]。
　ニースモデルによれば、いわゆる木星のトロヤ群小惑星は約 40 度にもおよぶ比較的大きく傾いた軌道で生まれたことになり、現在の分布ともよく一致する。これらトロヤ群小惑星は、ほぼ木星軌道上を木星の前後平均 60 度の間隔をあけて太陽を回っている。その結果、木星に接近することもなく、太陽とも木星とも同じ距離を保つような動きをしている。土星と木星が 2：1 の共鳴に入る結果として、散乱された微惑星の群れはカオス的になり、軌道傾斜角が増大する。こうした不安定な時期を過ぎたのち、一部の微惑星がトロヤ群の軌道

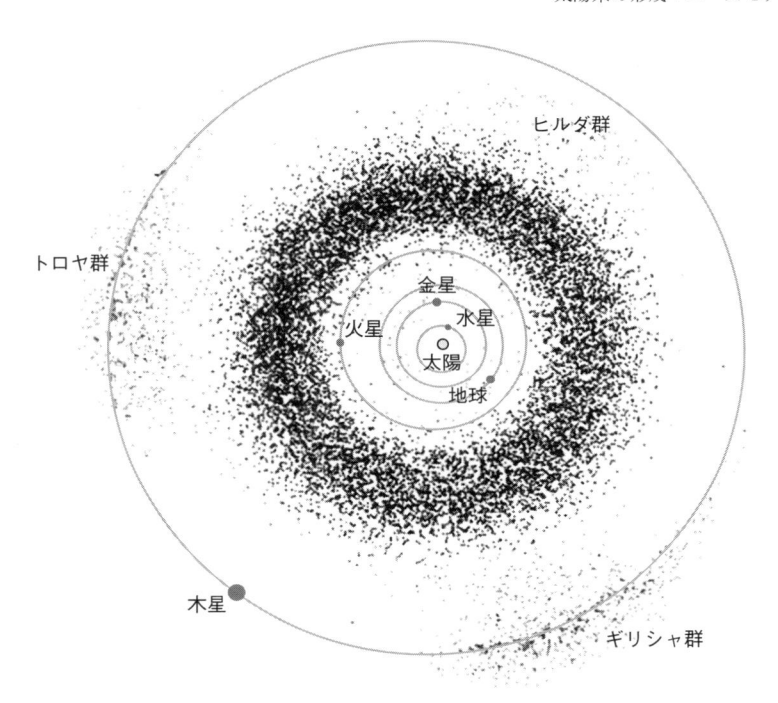

図3.3 現在の太陽系の天体配置を見ると、火星軌道と木星軌道の間に小惑星帯がある。木星軌道上には、平均60度木星より先行する位置にトロヤ群小惑星のうちギリシャ群があり、平均60度木星より後行する位置にはトロヤ群小惑星のうちのトロヤ群がある。また、ヒルダ群小惑星は、軌道周期が木星の3分の2しかなく、その遠日点に位置するとき、太陽から見て木星と正反対の方向かその近くにあり、木星軌道のやや内側に位置する。トロヤ群小惑星のように、木星の強い重力を回避できる位置である。

にとらえられた。従来の星雲説では、トロヤ群小惑星の軌道傾斜角はもっと小さくなって当然なのだ。惑星移動を説明するのに必要だった仮定、すなわち、微惑星円盤のもともとの質量を地球の35倍とすると、ニースモデルでは、木星のトロヤ群小惑星全体の質量は地球の0.000013倍となる。これも現在のトロヤ群全体の見積もりに匹敵している。これらの天体は通常、トロヤ群小惑星と呼ばれているものの、おそらくは活動性のない氷天体である[2]。

トロヤ群小惑星と同様に、土星と木星の2:1の共鳴から誘導された微惑星のカオス的な運動で、巨大惑星の不規則衛星の存在も説明がつく。そうした衛星は、惑星から離れたところを周回し、軌道は惑星の赤道面に対し大きく傾き、逆向きに回っていることもある。いったん、2:1の共鳴状態が収まると、巨

大惑星は多くの不規則衛星を捕獲していたというわけである。

　ニースモデルは当然のことながら、太陽から約 35 〜 50AU のカイパーベルトも形成した。惑星移動の過程で、微惑星の約 99% が散乱されたが、かなり大きなものが現在の海王星軌道を越えたあたりに残った。これらの天体はカイパーベルトに残存し、ベルトの円盤はかつては現在の 100 倍もの質量があり、太陽に近かった。冥王星、エリス、マケマケといった比較的大型のカイパーベルト天体ができたことも納得できよう。

　現在、カイパーベルトの彼方にある散乱円盤の天体は、微惑星が散乱された結果として説明できる。凍った水やメタンなどが含まれるこれらの天体は、海王星によって外側に散乱され、現在では、近日点がカイパーベルトの内側境界付近で、遠日点は 300AU 以遠にある。これらの天体は不安定な軌道にあり、今後も海王星に散乱される可能性がある。おそらく、セントール天体や短周期彗星の供給源にもなっているのだろう。すなわち、海王星は散乱円盤の天体の軌道を乱し、まず木星軌道と海王星軌道の間に送り込む。このような軌道の天体がセントール天体と呼ばれている[3]。その後、さらに続く重力作用により、セントール天体は太陽の方へ近づいていき、木星の近傍に寄っていく可能性がある。木星はそうした天体を太陽系から放り出すか、あるいはさらに太陽寄りに軌道を変えていく。そうなると、天体は太陽熱であぶられ、氷成分が気化していき、ガスと塵の尾を発達させる。氷微惑星が活動的な彗星に変身するわけである。

　およそ球形をしているオールトの彗星雲は、太陽から約 1000AU の距離から、太陽系の端といえる 10 万 AU までの間に存在している。惑星移動の副産物であるが、海王星と土星によって外側に散乱されたものの、太陽系から脱出できるほどではなかったものがオールト雲になったわけである。オールト雲の氷微惑星は、近くを通過する恒星や銀河系からの潮汐力によって、軌道が乱され、太陽系内部に向かっていくものも出る。中には見事な長周期彗星となるケースもある。オールト雲は、地球質量の 4 〜 80 倍の物質が約 4000 億個の彗星として広がっている存在と考えられているが、ニースモデルの予想するオールト雲では地球質量の 2 倍以下にしかならない。ニースモデルは、太陽系の現況の多くをうまく説明してくれるが、まだ未解明な部分も残っているのである。オールト雲の詳細についてニースモデルがまだよく調整されていないためなのか、あるいはオールト雲の一部が（太陽とともに星団として生まれた）別の恒星か

ら捕獲したものなのかもしれない[4]。

　月や地球上では約39億年前に、天体衝突が相次いだ。この時期を後期重爆撃期と呼んでいるが、これも土星と木星が2：1の共鳴になり太陽系が不安定になったことが原因とされている。共鳴によりカオス的な軌道運動が誘発され、天王星、海王星の動きが乱され、海王星が微惑星の円盤に突っ込んでいった。結果として、微惑星の多くが太陽系の内側の方へ向かっていった。太陽に衝突することも予想されただろうし、木星の重力により太陽から放り出されるようなこともあっただろう。そして、太陽系の内側にある惑星に衝突することもあった。地球と月も、氷微惑星の氾濫から逃れられるわけではなかった。小惑星帯のうち、外側部分（木星寄り）では、土星・木星の2：1共鳴時に誘発された小惑星のカオス的挙動によって、軌道がかなり変わってしまった。これらの小惑星の一部も地球と月に衝突し、後期重爆撃期の原因に加わっている。地球上にできた太古のクレーターのほとんどすべてが、風や水による浸食のほか、プレート運動によってかき消されてしまった。一方の月では、いまも古くからのクレーターが残っており、クレーターの研究が進められている。38億年以上前にできたと見られる直径300km以上の盆地が月では40以上も存在している。大型盆地である雨の海とオリエンタル盆地（東の海）については、かなり正確に形成年代が求められており、それぞれ38.5億年、38.2億年前と求められている。約39億年前からは、衝突する微惑星の数が劇的に減った[5]。

　最近になり、数百個もの太陽系外惑星系[2]が観測されている。恒星がわずかにふらつくという観測から間接的に見つかったものが多数あり、ふらつきの周期や振幅から惑星の質量や軌道半径を推定することができる。太陽系外惑星系の多くでは、恒星のすぐ近くを回る巨大惑星が存在している。スノーラインを越えた外側では氷粒子がくっつきあうため、急速に惑星が成長していくことになる。恒星のそばを回る巨大惑星（ホットジュピターと呼ばれる）は、もともと恒星から離れ、スノーラインを越えた領域で生まれ、その後に現在見られるような位置に移動したのだと考えられる。しかし、記憶に留めておくべきことは、恒星の比較的そばを周回する質量の大きな惑星は、恒星を大きくふらつかせることになり、観測でふらつきが発見されやすくなることである。恒星に近い大きな惑星が観測にかかりやすいという傾向がある。それでも、太陽系外惑星検出の技術は次第に高度なものとなっていき、地球より質量が大きいが10倍以下であるという「スーパーアース」も発見されるようになり[3]、さらには、

液体の水が存在できるハビタブルゾーン[4]にあるような惑星も見つかるようになってきた。そこでは生命が生まれているかもしれない。最近の見積もりによれば、太陽類似星の数％には、地球規模の惑星が回っているという。太陽類似星の1％のハビタブルゾーンに地球規模並みの惑星があるとしても、銀河系の1000億もの星の中で生命が宿れる惑星の数は膨大なものになる。銀河系以外にも宇宙には1000億もの銀河が存在するのである[5]。

■地球接近天体の数

地球接近天体の大多数は、火星軌道と木星軌道の間の小惑星帯で、彗星のような活動性はない小惑星として生まれた。活動性のある短周期彗星が、巨大惑星の重力により太陽系の内側深くに入ったものが、地球接近天体の約1％を占めていると推定される。ニースモデルによれば、現在、小惑星帯内の外縁寄り領域にある小惑星は始原的であり、比較的変化を受けていない天体であると考えられており、初期の惑星系で起こったカオス的な動きの影響を受けている。これらのほとんどがきわめて黒い天体で、始原的な炭素を含む物質を含み、石炭よりも黒いほどである。これらの中には、その表面や地下に、氷や、水や水酸基（－OH）を含む含水鉱物もありそうである。観測的証拠からは確実ではないが、ニースモデルによると、小惑星帯内の外縁寄りの領域にある小惑星は、木星のトロヤ群小惑星、セントール天体、そしてカイパーベルト天体と組成が似ているはずである。もしも、これら外縁寄りの領域にある小惑星が、太陽側の空間へ向かっていくようなことがあれば、太陽熱により氷成分が気化し、彗星と呼ばれることになろう。一部の小惑星については、彗星との区別はあいまいなものとなる。

地球接近小惑星のほとんどが、小惑星帯内の太陽側領域での大型小惑星同士の衝突とは無縁の存在であった。ニースモデルによると、地球接近小惑星は、惑星系を遠くに移動させたカオス的運動には加わっていない。これら天体の大部分は、その一生を太陽の比較的近くで過ごすわけで、氷成分がなくなっているはずである。しかし、小惑星帯内の太陽側領域にある非常に暗い色調をもつ一部の小惑星は、小惑星帯内の木星寄り領域から移動してきたものと見られ、含水鉱物を含んでいたり、もしかすると表面下深くには氷が存在しているかもしれない。

科学者は、母なる自然がまるで隠そうとしているかのような自然界の秩序や方向性を追求している。天文学者が、さまざまな小惑星を、望遠鏡による可視光や近赤外域での反射率観測を用いて、タイプ（型や亜型）別への分類を試みているのはそのためである。こうした分光特性は、多くの小惑星の分類に役立っている。比較的明るい反射率のＳ型（カンラン石や輝石を含むケイ酸塩鉱物）、かなり暗い反射率のＣ型（含水鉱物を含むことの多い炭素系物質）、Ｍ型（金属に富む場合とそうでない場合がある）、そして暗いＤ型（おそらくは気体を出し切った「元彗星」）など、さまざまな型や亜型があり、小惑星を構成する鉱物や物質を推定する手がかりとなっている。しかしながら、特定の小惑星の元素や鉱物組成を同定する確実な方法となると、探査機を送って小惑星のサンプルを回収し、地上のさまざまな装置で研究することになる。

■地球接近天体の起源と行く末

　活動的短周期彗星は、地球接近天体の一部となっているが、その起源や行く末は、地球接近天体の大部分を成す小惑星とはかなり異なっている。近くを通過する恒星の重力や、銀河面の膨大な数の恒星による潮汐力によって、長周期彗星はしばしばオールト雲から太陽系内部へとやってくる。そして何百万年という旅を経て、ほぼ放物線軌道で太陽に接近してくる。ほとんどの短周期彗星はカイパーベルト、あるいは散乱円盤領域に端を発し、外側の巨大惑星の重力によって太陽系の内側へ導かれ、最終的に木星重力の影響下に置かれるようになる。活動的な彗星はほとんどの場合、不安定な軌道にあり、惑星や太陽に衝突するかあるいは巨大惑星の一つによって惑星系の遠い彼方へ引き戻されるまでおよそ100万年しかかからない。彗星は小惑星に比べ、はるかに脆い構造のように見られている。彗星の中には分裂していき、塵の雲と化したものもある。太陽系の中央領域にある活動的な彗星は、氷成分を消費していき、一方で氷成分を太陽から守るような殻を発達させていく。このように、活動的な彗星は不活発な、あるいは暗いＤ型小惑星と区別できないような休眠状態の氷天体になる。地球接近小惑星全体の2、3％は不活発になった彗星と考えられている。多くの彗星に関して、活発な期間というのは軌道寿命よりもずっと短い。惑星や太陽に衝突するか、木星によって外側の惑星領域や恒星間空間に冷凍収監されるまえに干上がり、分裂し、あるいは塵とガスの雲へと変貌する[6]。

第3章　地球接近天体は、どこで、どのようにしてできたのか？

　ほとんどすべての地球接近小惑星の源は、太陽から2〜3AUに位置する小惑星帯の火星寄りの領域である。小惑星が、小惑星帯の火星寄り領域にある、選ばれた距離に置かれていたとしよう。木星や土星からの重力が次第にその小惑星の軌道を変えていき、ついに火星軌道や地球軌道を横断するようになっていく。たとえば、太陽から2.5AUの距離を回る小惑星は、木星と3：1の共鳴関係になる。すなわち、小惑星が太陽を3周するたびに、木星は1周するため、小惑星と木星は（木星の軌道周期である）12年ごとに同じ位置関係に戻ってくる。約100万年の間には木星が小惑星の離心率を増大させ、火星の軌道や、ついには地球の軌道を横断するようになる。同様に、小惑星帯火星寄り領域、太陽から2.1AU近くの円軌道を回る小惑星には、土星からの重力の影響が積算され、約100万年の間には地球接近小惑星へと軌道が変わっていく。こうした小惑星は平均で数百万年にわたり、地球に接近するような軌道に留まることになる。その後は、太陽と衝突したり、木星の重力で太陽系から脱出したり、あるいは惑星と衝突するという運命をたどるのが一般的である。しかし、長い年月の間には、これらの共鳴領域に残っている小惑星がなくなり、一方で地球近くの空間でも、共鳴軌道から移ってきた小惑星が、衝突や太陽系からの脱出によってなくなっていく。ところが、今日、相当な数の小惑星が地球近傍空間に存在していることから、共鳴領域に小惑星を供給しているなんらかのメカニズムがあるはずだということになる。小惑星を共鳴領域に移していく最も有望なメカニズムの一つとして太陽光の熱再放射（ヤーコフスキー効果ともいわれる）がある。ヤーコフスキーの名は、ロシアのイワン・ヤーコフスキーという民間技師から来ており、1901年にこの現象を提案している[7]。

■ヤーコフスキー効果とヨープ効果

　太陽系の中央領域では、小惑星は太陽からエネルギーを吸収し、熱として宇宙空間に放射している。もしも小惑星が自転していなかったら、入射・放射の両エネルギーは太陽方向から入って太陽方向に向かって出ていく。ところが、実際の小惑星はいずれも自転しているため、再放射するエネルギーは、太陽方向からはそれて、小惑星表面で午後を迎えている面から多くが出ることになる。同様の現象は地球上でも起こっている。地球上の特定の場所について考えた場合、それぞれの時刻で同じ量の太陽光を受けているにもかかわらず、午後2時

の方が午前10時よりも暖かくなっている。小惑星の午後サイドから出る赤外線光子は、ロケット噴射の効果を生じさせ小惑星を押す。小惑星の自転の向きが公転と同じ向きか、公転とは逆向きかによって、軌道エネルギーを得るか減らすかが変わる。別の表現でいえば、軌道が外側に向かって螺旋を描いていくか、内側に向かって螺旋を描いていくかである。詳しい観測がされている半キロメートルサイズの小惑星（6489）ゴレフカについて、2003年に観測がされれば、ヤーコフスキー効果が検出できるはずだという予報をディヴィッド・ボクロウフリツキー率いる天文学者グループが2000年に発表した。その3年後、2003年に観測がなされ、JPLの天体力学者スティーヴ・チェスリーと同僚らは、1991〜2003年の（6489）ゴレフカの軌道運動を説明する上で、たしかにわずかながらもヤーコフスキー効果を考えなければならなかった。ロケット方式の推進力は小さいにもかかわらず、その小惑星は光学望遠鏡やレーダーで広く観測が行なわれたため、ヤーコフスキー効果による約15kmのずれが目立つ状況になっていた。スティーヴ・チェスリーは、フットボール競技場五つ分以上の直径と2億1000万トンの質量をもつ小惑星（6489）ゴレフカに働くヤーコフスキー効果の力を28gと算出した。わずかな力であるけれども、100万年以上の期間を考えると、「塵も積もれば」で、小惑星の軌道がずれていき、共鳴領域に入るような可能性も出てくるのである。共鳴領域に入れば木星や土星の重力の影響を受け、地球に接近するような天体に移ることがありえる。

　もしも小惑星のある面が他方の面と異なる形や反射率を持っていた場合、一方の面が他方よりも大きな熱再放射をすることになり、自転周期が速くなったり遅くなったりする効果を生む。この効果は、その研究者らの名前、ヤーコフスキー、ジョン・オキーフ、V. V. ラドチフスキー、そしてスティーヴン・パダックから名づけられたが、ヤーコフスキー‐オキーフ‐ラドチフスキー‐パダックではさすがに舌がもつれる。そこで頭文字をとり、YORP（ヨープ）効果と呼ばれるようになった[8]。

　ヨープ効果は、比較的小さな小惑星の自転速度を増加させることがある。構造的にもろく、がれきが重力だけでかろうじて集まっているような構造の小惑星では、赤道地帯から浮かび上がった破片が塊を作り、衛星として小惑星のまわりを回ることがある。あるいは、自転速度を増した小惑星が二つに分裂することも考えられる。地球接近小惑星のざっと15％が二重小惑星であるが、三重小惑星（二つの衛星を持つ小惑星）が少なくとも二つ見つかっている[6]。た

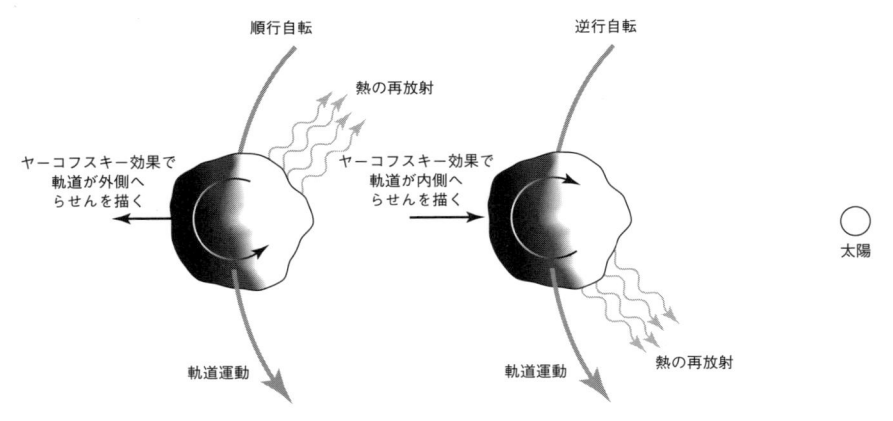

第 3 章　地球接近天体は、どこで、どのようにしてできたのか？

図3.4　いわゆるヤーコフスキー効果は、比較的小さな小惑星の、長期間の軌道運動において表れる現象である。小惑星表面に太陽光が当たったときと、それが（熱として）再放射されるタイミングとがずれることが原因である。自転の回る向きが公転の向きと同じ場合（順行）では、小さな押す力が、軌道運動に沿うように働く。自転の向きが公転の向きとは逆の場合（逆行）では、小さな押す力が、軌道運動に対抗するようになる。図に示したように、自転が順行の場合には、軌道エネルギーが増加し、軌道が外側へ広がり、軌道周期も長くなる。自転が逆行の場合には、軌道エネルギーが減少し、軌道が内側へ縮まっていき、軌道周期も短くなる。

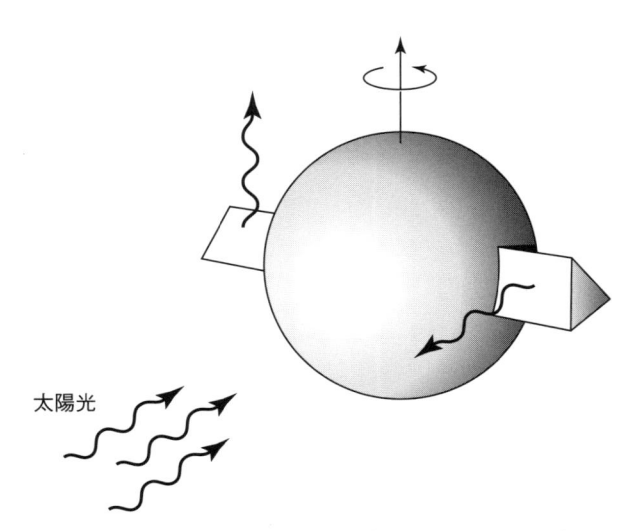

図3.5　ヨープ効果。自転する小惑星のある面と他方の面では、太陽エネルギーの熱再放射にムラができ、結果として、自転速度が増加したり、減少したりする。

いていの小さな地球接近小惑星に衛星があるというのは、このヨープ効果のためと考えられている。小惑星帯の、もっと大きな小惑星における二重小惑星というのはどのようなメカニズムでできたのだろうか。この場合、二つの小惑星の衝突で、同じ方向・スピードを持つ二つの破片が発生し、そのような破片のペアが回りあう二重小惑星ができたと考えられている。長期にわたるヨープ効果は、比較的小さな小惑星の自転軸を、小惑星の軌道面に垂直な方向に変えていく作用がある。自転軸が軌道面に垂直になると、ヤーコフスキー効果は、軌道長半径の増減に最も効果的に働く。

　ヤーコフスキー効果によって、小惑星帯内の火星寄り領域にある小惑星が徐々に、木星や土星と共鳴関係にある領域に移動していく。いったんそこに入ると、木星や土星の重力によって小惑星の軌道離心率が増加し地球接近軌道へと移行していく。地球軌道と交差するような軌道になる可能性もあり、同時に同じ位置に出くわせば衝突することになる。初期の太陽系では、今よりはるかに多くの微惑星が存在し、若き地球は微惑星からの爆撃を受けていたはずである。そうした初期の衝突から月が誕生し、やがて後期重爆撃期を迎え、地球表面に炭素系物質や水がもたらされ、生命誕生の材料となった。いったん生命が発生すれば、それ以降の衝突は生命進化を中断させ、最も環境に適合した種だけを存続、進化させたのである。

第4章
生命の助力者であり破壊者でもある地球接近天体

いずれ、小惑星の地球への衝突は現実のこととなる。問題は、どの小惑星がいつ衝突するのかである。

■「地球さん、こちら母なる自然ですが、私の注意喚起にあなたは知らんぷり」

　天体の衝突でクレーターができたという明らかな証拠が、太陽系のいたるところで見つかっている。ガリレオが1609年に初めて月を望遠鏡で見た時も、クレーターはすぐにわかった。十分な高解像度で観測した場合、固い惑星や衛星の表面には、衝突クレーターがまずまちがいなく見つかる。地球では、プレート運動や風、水による浸食によって、火星では、火山活動や砂嵐の浸食によって、多くのクレーターが消されてしまっている。何度脅威にさらされれば、地球が宇宙の射的場の中を進んでいて、射的のターゲットになっていることが天文学者にわかってもらえるだろうか。

　地球接近天体による衝突について記述されている歴史というのは実に短い。「宇宙から飛来した岩」という考え自体が19世紀になるまで一般的ではなかった。さらに、地球接近天体の分布は1990年代以前の段階では、あまりよくわかっていなかった[1]。地球上や月面での天体衝突については、20世紀後半になってようやく一般にも知られるようになった。それまで、月面のクレーターは火山活動による構造だと考えられていたが、月面クレーターが地球上の火山とは形が異なること、月面クレーターの中には、地球上の火山よりはるかに巨大なものがあることが火山説ではうまく説明ができなかった。一方、太陽を回る天体が月面に衝突した場合、斜めの角度で月面に衝突することも起こるはず

であるが、ほとんどの月面クレーターの形が円形なのである。エストニア出身で独特の天才肌天文学者、エルンスト・エピックは、月面クレーターが円形なのは月面衝突時の速度が関係し、突入角にかかわらず爆発的な衝突でほぼ円形のクレーターができると1916年に指摘した。ところが、発表したのがロシアの学術雑誌であったため、当時はあまり注目されなかった[2]。

　1893年には、著名なアメリカの地質学者、グルーヴ・K. ギルバートが、地球周囲を回る天然の衛星が月面に衝突して月面のクレーターを作ったと主張した。アリゾナ州、ウィンスローにあるメテオールクレーター[1]は、火山性の水蒸気爆発でできたと彼は信じていた。クレーター縁のまるい形、地下に埋まっていると見られる隕鉄から生じるはずの磁気異常がないこと、クレーター縁の物質の量がおよそクレーター内からなくなった物質の量に等しくなっていること、こういった観測はいずれも、ギルバートが衝突クレーターに期待していたものとは食い違っていた。彼の結論は、当時の地質学者の多数の支持を得、最終的な決着はついたかに見えた。アリゾナのクレーターに関する衝突説はその後40年間近くも、地質学者により否定され、無視され、あざけられた。だが、たった一人の例外がいた。それはダニエル・バリンジャーである。法律家であり地質学者である彼は、事業家でもあった。アリゾナのクレーターは、商業的価値のある大きな隕鉄の衝突でできたのだとバリンジャーは主張していた。結局は鉄の塊を発見できずに終わったが、彼が使った機械がいまもクレーターの底に残されている。衝突は爆発的であったため、クレーター周囲の領域から小さな隕鉄片が見つかるものの、クレーターの底からは何ら大きな塊は出てこなかった。メテオールクレーターが爆発的な激しい天体衝突で生じたという決定的な証拠は、1963年、ジーン・シューメーカーが、メテオールクレーターとネヴァダ州ヤカ・フラットの地下核実験でできたクレーターを比べ、物理的な特徴がよく似ていることを指摘したことによる。彼は、メテオールクレーターが直径25mの隕鉄が15km/sの速度で衝突してできたものではないかと提案した。

　地球接近天体による衝突の重要性が認識されるようになると、太陽系進化初期の問題点が明らかになってきた。

図4.1 アリゾナ州ウィンスロー近郊のメテオールクレーター（バリンジャー隕石孔）は、約5万年前、40〜50mサイズの鉄質小惑星が衝突してできたものと現在では考えられている。クレーターの直径は1.2km、深さは170mある。クレーターの底に鉄の塊は埋まっていないが、クレーター周囲からは無数の隕鉄が見つかっている。（Courtesy of Shane Torgerson）

■衝突が月を作った

　地球ができてから約5000万年後、火星サイズの天体が原始地球に衝突して生じた無数の破片が地球を回る軌道に乗り、それらの集積から月が誕生したというのが大方の研究者の共通認識である。この月形成メカニズムでは、衝突天体の岩石マントル物質が月の物質になったと考えられる。月には鉄の核らしい核がないこともうまく説明がつく。衝突のコンピューターシミュレーションでは、地球に対し比較的大きな月が地球の近くを回っている状況もよくわかる。衝突時のものすごいエネルギーによって、水のような気体になりやすい物質が月や初期の融解したマグマの表面に欠乏していることも説明がつく[3]。衝突の結果、地球の表面は融け、岩石マントルが気化した一時的な大気に覆われていた。表面に水がなく、炭素をベースにした有機物もない、酸素の大気もないと

いう地球は、いかなる生命にも向かない地獄のような環境といえる。

　月が誕生した45億年前と、後期重爆撃期終了の間で、きわめて原始的な単細胞生物（バクテリアなど）が形成された。生命の構成要素である水や炭素系物質は、初期の地球に地球接近彗星・小惑星が衝突してもたらされたのではないか。きわめて原始的な生命がそれほどの大昔に発生し、後期重爆撃期の地獄のような環境を生き抜いたかもしれない。地球上にいつ原始的な生命が誕生したのか、はっきりしたことはわかっていない。

■生命の構築要素を地球に届ける

　複雑な知性を持つ生命は、比較的最近地球上に発展してきた。一方、単細胞生物の化石上の証拠は35億年までさかのぼることができるが、おそらくもっと以前に発生したのだろう。こうした生命はほとんど単細胞から成り、原核生物と呼ばれる細胞内に核がない生物だった。ありふれた例は、35億年たったいまも生存しているバクテリアだ[4]。後期重爆撃期の地獄のような環境で、海洋は沸騰し干上がっただろう。生命の構築要素である水・炭素系の有機分子が大量に地表にもたらされ、自己増殖する生命が繁栄したのは、比較的短期間のことだった[5]。では、こうした生命の構築要素はどこからやってきたのだろう。

　地球最初の原始大気は水素に富み、エネルギー源さえあれば、無機化合物から有機化合物を合成できたであろう[6]。水素の大気はたちまち宇宙へ脱していき、より恒常的な初期の大気は、おそらく水蒸気、窒素、そして二酸化炭素から成っていた。これらの気体は、惑星内部から放出されたもの、そして地球接近彗星・小惑星の衝突によってもたらされたものだろう。地球に衝突する物体によって、生命に必要な有機物の薄皮が地球上に撒かれたはずである。実験室で調べたところ、ある小惑星を起源とする隕石破片にはアミノ酸など豊富な有機物が含まれていることがわかった。アミノ酸は、生きている細胞を作るタンパク質のもととなる物質である。1969年、オーストラリア、ヴィクトリア州マーチソン近郊に落下した隕石が慎重に調べられた。その結果、90種以上のアミノ酸が見つかり、19種は地球上の生命にも含まれているものだった。我々も、そして他の生命もすべて、地球接近天体のおかげで存在しているのかもしれないのだ。

　約24億年前までは地球大気中に遊離酸素は存在しなかったので、初期の生

命は一種の光合成を発達させた。太陽放射をエネルギー源に、水素、硫化水素、あるいは鉄を含む反応で、消化しやすい炭水化物を作ることができた。他の微生物はメタンを放出し、これは温暖化ガスであるため、太陽からのエネルギーが現在のレベルに到底満たなかった当時、地表の水を液体に保つことに役立った。酸素なしの環境で進化してきた原始的微生物には酸素が有毒物質であったが、ついにはオゾンが作られるほどの酸素レベルに達した。オゾンは太陽からの紫外線を吸収することで役立っている。細胞に核を持つ生命の新陳代謝には酸素が必要であり、酸素レベルの上昇は進化上の大きな飛躍となった。

DNA を持つ最初の多細胞生物は 20 億年以上前に出現したらしい。数百もの保存状態のよい化石が 2008 年のガボンで発見され、少なくとも 21 億年前に多細胞生物が存在していた。引き続く進化の多くが、約 5 億年前の比較的短い 5 千万年間に起きている。この期間をカンブリア爆発期と呼んでいる。初期の魚類を含む脊椎動物が現れた。それ以来、陸上に広範な種類の生物が出現し、いわゆる大量絶滅によって進化は中断し、リセットがかかり、最も適応した種がさらなる進化を遂げていった。

■恐竜の死：地球上の進化を中断させる衝突

古生物の歴史はおおかた、ゆっくりした変化により徐々に進化していくものと考えられていた。ところが、最近になりわかってきたことだが、こうしたゆっくりとした進化の道筋が、地質学的に短期間で発生するいわゆる大量絶滅で中断されることがあり、ある地質年代が終わり、最も適合した種とともに別の年代が始まることになる。"K" が白亜紀という恐竜時代を意味する略号として昔から使われてきた（白亜紀を意味するドイツ語の頭文字）。そして "T" が第三紀を意味することから、この二つの年代の境界を K-T 境界と呼んでおり、6500 万年前のその時期に起こった絶滅を K-T 絶滅と呼んでいる。生き残ったものも多数あった一方で、K-T 絶滅では、陸・海・空で生きる脊椎動物がほとんど死滅し、ほとんどのプランクトンや陸上植物の多くが払拭された。それでも、多数の哺乳類や昆虫、鳥類が生き延びることができた。当時の哺乳類は比較的小さな生き物で、枯れた植物や動物質のものから養分を得ていた虫や幼虫、カタツムリを食していた。クロコダイルに似た水陸両生の爬虫類やほとんどのサメ、アカエイ類、ガンギエイ類は生き残ったが、大量の植物が死に絶

えたため、それに依存していた大型の爬虫類やそれを捕食していた肉食爬虫類も絶滅を免れなかった。K-T境界の上の地層では、そうした生き物の化石はほとんど出ない。恐竜は死滅した。いったい何が原因で？

1980年、ルイス・アルヴァレスとウォルター・アルヴァレスの父子チームが同僚とともに科学誌『サイエンス』に発表した論文がある。彼らは、6500万年前、10kmサイズの小惑星が地球に衝突したことがK-T絶滅の原因であると主張した。衝突により小惑星質量の約60倍もの物質が大気中に巻き上げられ、一部は何年も成層圏に留まった。その結果、地上は暗くなり、光合成を妨げられた植物は打撃を受け、それに依存していた動物にも影響が及んだ。この驚くべき主張の根拠となったのは、イタリア、デンマーク、そしてニュージーランドの、深海の石灰岩層（そこはまさにK-T境界にあたっていた）であった。重金属イリジウムの存在量が劇的な増加を示していたのである。イリジウムを含む白金族のほとんどの金属が、遠い昔地球の中心へと沈んでいった。このため、地殻内にはこうした金属は、宇宙における存在度に比べ、ほとんど存在しない状態となった。はるかに小さい小惑星では、イリジウムのような重い元素は天体全体に一様に分布していると考えられている。K-T境界の厚さ1cmの堆積層に、アルヴァレスのチームは、上下地層の20倍から160倍もの高濃度イリジウムを発見した。境界層の化学組成を見ると、衝突天体から成層圏に巻き上げられた塵が、K-T境界の石灰岩層のものと明らかに区別できた。今日では、世界100ヵ所以上で、K-T境界層のイリジウム高濃度異常が見つかっている。

K-T絶滅事件の天体衝突モデルは、その衝突によるクレーターがメキシコ、ユカタン半島に埋もれていたことがわかり、劇的な立証段階を迎えた。メキシコの町チクシュルーブ近くを中心とする衝突クレーターの証拠が見つかったのは1978年のことであった。地球物理学者のグレン・ペンフィールドは、メキシコの国営石油会社ペメックスに代わって石油掘削に適した場所を探すため、ユカタン半島沖の地磁気探査を手伝っていた。彼は、海底に円弧のような巨大な対称構造を発見した。さらに、その円弧構造は、古い地図には重力異常として記録されていた。カナダの天文学者アラン・ヒルデブランドは独自の調査で、強い圧力を受けた石英の粒や小さなガラス粒を含んだイリジウムに富む粘土層を発見し、その地に天体衝突があった証拠を突き止めた。そうした事実は、天体衝突の結果、周囲に放出された物質から予想される内容であった。1990年、

恐竜の死：地球上の進化を中断させる衝突

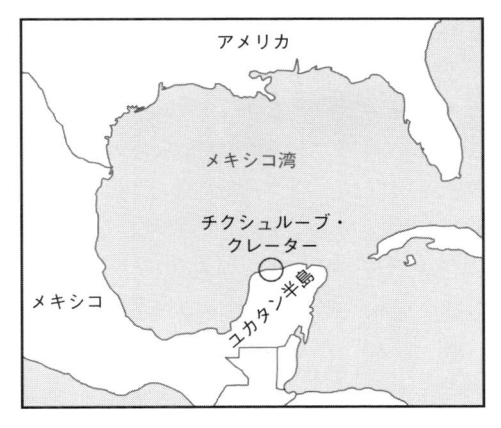

図4.2 メキシコ、ユカタン半島の端に位置するチクシュルーブ・クレーター地域を示す地図

ヒルデブランドはペンフィールドと接触を持ち、その後二人は、1951年にペメックス社が取得した地域の掘削サンプルを入手し保管した。そのサンプルには高圧がかかった石英が含まれており、天体衝突時のものすごい圧力があったことを示していた。そのクレーターはおよそ6500万年前にできたと推定され、クレーターのサイズは直径180km以上と見積もられた。これは比較的大きな地球接近天体による衝突と一致する。おおかたの科学者は、1980年のアルヴァレス論文と1991年のヒルデブランド論文は、10km以上の大きさの地球接近天体の衝突がK-T絶滅事件の主な原因であるかなり決定的な証拠を示したと見ている[7]。

K-T事件は地球史上起こった唯一の絶滅期ではない。たとえば、ペルム期から三畳紀に移る約2億5000万年前にも海棲生物の90%以上、陸棲生物の70%が絶滅したと考えられている。この時代は、よく「大絶滅（Great Dying）」時代といわれるが、地球接近天体の衝突がその原因であっても、クレーターの明らかな痕跡は残っていない。衝突は海で起こった可能性が高いが、2億年以上前の海底地殻は、プレート運動に伴う拡張や沈み込みによって痕跡が残らなくなってしまうのである。

地球接近天体の研究は、46億年前に太陽系ができたときの状況を理解する手がかりを与えてくれる。地球接近天体の化学組成や熱史という観点から見たとき、多くの地球接近天体がこれまであまり変化を受けてこなかった。太陽系

第4章　生命の助力者であり破壊者でもある地球接近天体

ができた当時の熱的環境や物質の混合状態を理解する上で、これら原始的な小さな天体を研究する重要性がわかるだろう。また、これらの天体は私たちの起源についても手がかりを与えてくれるかもしれないのだ。地球接近天体との衝突で、地球上の水や生命の材料である有機物がどの程度もたらされたのか？

地球は、その歴史を通じて、数知れず地球接近天体との衝突を受けてきた。大きな衝突は、大量絶滅を引き起こし、進化の過程を中断させる。そして、最も環境に適合した種だけを生存させ、さらなる進化に向かわせる。6500万年前、10kmサイズの小惑星が地球に衝突した際、大きな爬虫類たちは環境への適応がむずかしくなり、絶滅に向かった。我々の存在そのもの、そして食物連鎖の頂点に我々が位置していることは、地球接近天体の衝突のおかげかもしれない。

1990年代半ばまでは、知られている地球接近天体の数というのはそれなりの数字であったが、地球接近天体のそうした重要性はなぜ最近になって知られるようになったのか？　次の章ではこのことを扱おう。

第 5 章
地球接近天体の発見と追跡

地球の防衛網を突破し、大惨事を引き起こすような巨大隕石はもう現れないだろう。かくしてスペースガード計画が始まったのだ。
　　　　　　——アーサー・C. クラーク『宇宙のランデブー』（1973 年）より

　活動性を示す周期彗星は、太陽から 1.3AU 以内を通過する軌道ならば地球接近天体と見なされる。ハレー彗星[1]やテンペル－タットル彗星、スイフト－タットル彗星もその仲間で、これらは古代中国の記録にもある。地球接近彗星は昔から知られており、たとえば、紀元前 164 年にはハレー彗星の回帰のようすがバビロニアの粘土板（現在大英博物館収蔵）に記録されている[(1)]。とにかく彗星は目立つ存在になる。太陽系中心部に入ってきたとき、氷成分が気化して発生した気体や、氷に含まれていた塵が太陽と反対方向へたなびき、ときには、素晴らしい光景になるほどである。見事な景観を呈するかもしれない活動的な彗星は、それでも地球接近天体全体数の約 1%にすぎない。地球接近小惑星が気体や塵を噴出することはないが、人知れず忍び寄る小惑星の数は地球接近天体のほとんどを占める。ごく最近になって、天文学者はこれら地球接近天体の数の多さと重要さを認識し始めた。

■火星と木星の間のギャップを埋める

　16 世紀末、ドイツの数学者であり天文学者であったヨハネス・ケプラーは、火星軌道と木星軌道の間が開いていることに注目し、ここには未発見の惑星があるのではないかと示唆した。その考えは、ケプラーが自然や太陽系に、対称性や調和を求めることから来ている。1766 年、ドイツの天文学者ヨハン・ダニエル・ティティウスは、太陽から各惑星までの距離を表す経験的な数列を提案した。太陽から水星までの距離が 0.4AU とすると、太陽から金星までが 0.4

第 5 章 地球接近天体の発見と追跡

＋ 0.3 ＝ 0.7AU、地球までが 0.4 ＋ 0.6 ＝ 1.0AU、火星までが 0.4 ＋ 1.2 ＝ 1.6AU、次が惑星のないところであるが、0.4 ＋ 2.4 ＝ 2.8AU となる。さらに木星では 0.4 ＋ 4.8 ＝ 5.2AU であり、土星までは 0.4 ＋ 9.6 ＝ 10.0AU となる。和の第 2 項が次の惑星では常に 2 倍になっているのである。当時のベルリン天文台の台長であったヨハン・ボーデは、ティティウスの式を使って火星軌道と木星軌道の間に未知の惑星があるのではないかと論じたことから、その式はボーデの法則と呼ばれるようになった。それはボーデの発見でもなく、法則といえるものでもなかったが、ウィリアム・ハーシェルが 1781 年に天王星を発見すると、この新惑星はボーデの法則で表される 19.6AU の位置に非常に近いことがわかった。ボーデの法則は正しいと確信したハンガリーの男爵フランツ・フォン・ツァハは、火星軌道と木星軌道の間のどこか、他の惑星同様、黄道域に未知の惑星があるに違いないと考えた[2]。何年にもわたる捜索にもかかわらず新惑星は見つからなかった。今度は自分だけでなく仲間とともに組織的な捜索観測に乗り出すことにした。1800 年 9 月、彼は 24 人の天文学者の協力を得て、黄道域 360 度をひとりの受持ち範囲 15 度ずつとし、幅 7 ～ 8 度の範囲を捜索することにした。彼らには未知の惑星捜しと分担星域の星図を作ることが求められた。また、ツァハの計画概要を書いた手紙は天の捜索計画に直接かかわっていない他の天文学者にも回覧された。確かに、当時最高の何人もの天文学者から成るこうした組織だった努力をもってすれば未知の惑星は突きとめられるはずだった。

　フォン・ツァハの手紙の一通は、神父であるジュゼッペ・ピアッツィのもとにも届いた。彼はイタリア、シシリー島のパレルモ天文台の台長をしており、既存の星表をチェックしている最中だった。天の捜索計画に加わっているわけではなかったが、ピアッツィは星表に記載された星の位置の正確さを系統的に確認していた。1801 年 1 月 1 日、19 世紀第 1 日目の夜、彼はおうし座で昨夜観測した星が位置を変えていることに気づいた。彗星のようなぼんやりした天体ではなかったため、彗星以外の「何か」の可能性があった。数夜にわたり追跡観測を行なったが、2 月 11 日を最後に悪天候と体調不良から観測が続けられなくなった。残念ながら、ピアッツィにはその天体の軌道を計算することができなかった。ボーデがピアッツィからの知らせを受け取ったのは 3 月 20 日であった。ピアッツィの観測は公表はされなかったものの、1801 年夏までに天文学者のコミュニティに広まった。それまでに、新発見天体にはいくつかの

62

軌道が求められており、予報される位置にもそれだけばらつきが生じていた。ピアッツィはケレス・フェルディナンデア（のちにケレスと短くされた）という名をその天体につけていたが、事実上この天体は見失われてしまった[3]。しかし、ドイツの若き天才数学者カール・ガウスがケレスの正確な軌道を決定する技法を開発し、計算結果を 1801 年 11 月に公表した[4]。天体の軌道長半径は 2.77AU で、ボーデの法則によくあてはまった。1801 年 12 月 7 日、フォン・ツァハはドイツ、ゼーブルク天文台でケレスを観測し、月末までケレスの動きを確認した。当時、ケレスが火星軌道と木星軌道の間の未知の惑星とみなされていたのだが、ピアッツィが発見したものは、今日私たちが小惑星と呼ぶ無数の天体の最初のもので、最大のものであった[5]。

　科学ではよく起こることであるが、新しい種類のものが一つ見つかると、ただちに次から次へとさらに多くのものが発見されていく。二つ目の小惑星、(2) パラスは 1802 年 3 月に発見され、(3) ユノ（ジュノ）と (4) ヴェスタはそれぞれ 1804 年 9 月と 1807 年 3 月に発見された。5 番目の小惑星 (5) アストラエア発見までは、その後 38 年待たなければならなかった。しかし、その後は火星軌道と木星軌道の間、小惑星帯と呼ばれるようになった領域の小惑星の発見が劇的に増加していった。微かな星の光を観測する天文学者の中には、観測域に不意に現れる小惑星を邪魔者扱いするものもいる。あるドイツの天文学者は小惑星をあざけるように、「空の害虫」と呼んでいた。今日では、1 ヵ月で 3000 個以上の小惑星が小惑星帯で発見されている。

■地球接近小惑星の発見：パイオニアたち

　地球接近天体の発見について見ていこう。地球接近天体には、アポロ型、アモール型、アテン型、そしてアティラ型という地球軌道内天体が含まれる。初めて発見された地球接近天体は、(433) エロスで、ベルリン天文台のグスタフ・ヴィットとニース天文台のオーグスト・シャロアが 1898 年に発見した。ヴィットは、地球の自転による空の日周運動に合わせて望遠鏡の向きが変わっていくようにした。このため、写真乾板上の星々（恒星）はその場所から動かないが、短いスジになって写っている天体があった。その軌道を計算したところ、エロスの近日点は火星軌道のかなり内側にあった。この例外的小惑星に敬意を表して、小惑星に実名、神話問わず女性名をつけるという長年の慣習がなくな

図5.1 イタリアのカトリック神父であり、天文学者のジュゼッペ・ピアッツィ（1746～1826）の彫版ポートレート。ピアッツィは小惑星第1号となった「ケレス」をシシリー島のパレルモ天文台で1801年1月1日に発見した。

った。以来、小惑星命名プロセス全体が安易になったと嘆く者もいる！　エロス発見から3年もたたぬうちに、オーストリアの天文学者テオドール・オポルツァーは、エロスの明るさが変動しており、数時間周期で非対称的な形の天体が自転しているらしいことを論じた。その後かなりたってから、地上からの詳しい観測と2000年に行なわれた探査機による観測により、エロスの形は長細く、自転周期が5時間16分であることが判明した。発見後ただちに、エロスが地球に近づくことを利用して視差を観測し、エロスまでの距離をキロメートル単位まで求めようということになった。これにより太陽−地球間平均距離とされている天文単位の長さが、より正確に求まることになる。

　最初の地球接近小惑星エロスが発見された後、20世紀初頭にもう数個の地球接近小惑星が見つかった。二つ目はアモール型小惑星の（719）アルベルト

地球接近小惑星の発見：パイオニアたち

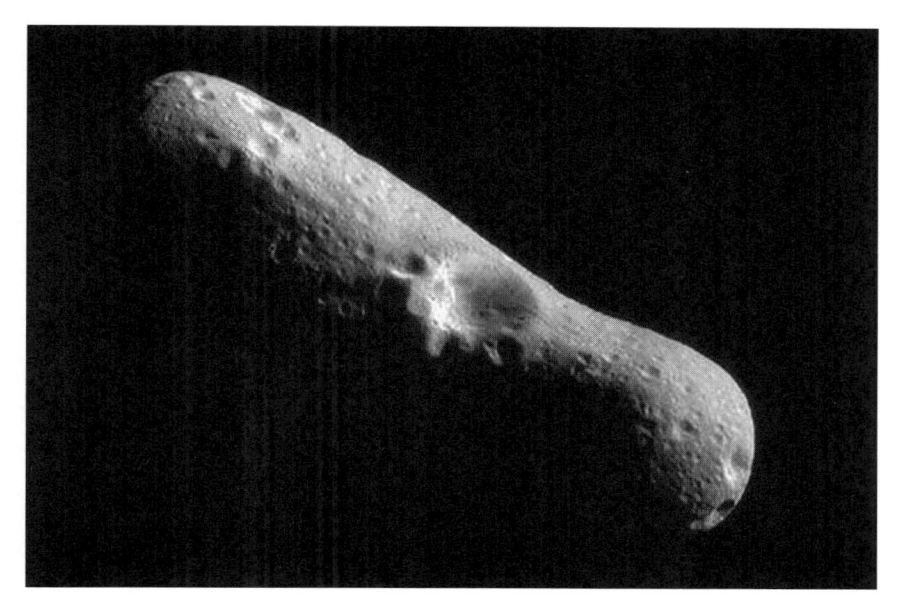

図5.2 最初に発見された地球接近小惑星（433）エロス。この画像は、ニア・シューメーカー探査機から撮影されたもの。同探査機は2000年にエロスを周回した。エロスの長径は34 km。(Courtesy of NASA and the Applied Physics Laboratory of John Hopkins University)

で1911年の発見だった。ところが、この小惑星は詳しい軌道が求められる前に行方不明になってしまい、89年もの間観測されなかった。2000年になり、スペースウォッチ・サーベイのジェフリー・ラーセンが再発見し、マサチューセッツ州ケンブリッジの小惑星センター、ガレス・ウィリアムズにより軌道が調べられた。その結果、1911年と2000年の発見が同一天体に対するものであったことが判明した。地球接近天体3番目となったのはやはりアモール型小惑星の（887）アリンダで、4番目は1924年発見の（1036）ガニメデであった。

1932年という年は世界大恐慌が底を打った年だった。決してよい年ではなかったが、地球接近天体の発見にとってはよい年だったのである。1932年3月12日、(1221) アモールが、ベルギー、イクルのウジェーヌ・デルポルトによって発見された。さらに、(1862) アポロが、同年4月24日、ドイツ、ハイデルベルク天文台のカール・ラインムートにより発見されている。これら小惑星の名前は、地球接近小惑星の軌道による分類名アモール型とアポロ型の由来になっている。そして、1976年、エレノア・ヘリンが、地球よりも軌道長半

径が小さい地球接近小惑星第1号を発見した。(2062) アテンである。これはこの種の軌道の小惑星の典型となった。アテン型やアティラ型は軌道のすべて、あるいは大部分が地球軌道内にあるため、常に太陽に近い方向で見えることから、地上からの観測では発見がきわめてむずかしい。エレノア（グロウ）・ヘリンとジーン・シューメーカーは、南カリフォルニアのパロマー山にある口径18インチシュミット望遠鏡を使って、1973年1月、地球接近小惑星を探し出そうという組織だった撮影キャンペーンを開始した[6]。グロウは主に観測を行なった。夜空を7等分し、各領域を20分露出と10分露出の2枚ペアで撮影した。この計画は、パロマー・プラネット - クロッシング（惑星軌道横断）小惑星サーベイ（PCAS）と呼ばれた。地球の自転による星の日周運動を望遠鏡で追尾し、2枚の写真を撮影する。そして、点像として写る星々の間に、地球接近小惑星の証拠であるスジ状の像を顕微鏡で探す。発見できる可能性は低い。最初の発見まで6ヵ月もかかった。大きく軌道が傾いたアポロ型小惑星（5496）1973 NA が1973年7月4日に見つかった。1978年までに12個の地球接近小惑星が発見され、1898年に最初に発見されたエロス以来、地球接近小惑星数はその5年間で倍増した。1980年までにシューメーカーとヘリンはスジ状の像を調べる方法をやめ、もっと効率的な方法を採用することにした。高感度乳剤のフィルムを使い、短時間露出の写真を、数分間隔をあけて2枚撮る[2]。短時間露出のため、地球接近小惑星はスジではなく点として写るが、立体顕微鏡で2枚の画像を調べると、地球接近小惑星の像が背景の星々に対し、わずかに位置が移動しているため、浮かび上がって見える。ジーンの妻であるキャロリン・シューメーカーはとくに立体顕微鏡で地球接近天体を探し出すことに長けていた。1980年には、ヘリンとシューメーカーの間に摩擦が生じ、彼らの協力関係は終わっていた。パパママ・シューメーカー（夫妻がふざけて自らをそう呼んでいる）は、当時アリゾナ州フラグスタッフのアメリカ地質調査所に拠点を戻しており、一方のヘリンは JPL で別の撮影プログラムに着手していた。シューメーカーらは独自の写真捜索プログラム、パロマー小惑星・彗星サーベイ（Palomar Asteroid and Comet Survey: PACS）を1990年代半ばまで実施した[7]。

CCD 撮像素子が地球接近天体の発見を大きく変える

図5.3 エレノア・"グロウ"・ヘリン（1932〜2009）は、地球接近天体の先駆的発見者であり、天文学コミュニティーや一般の関心を地球接近天体に向けるべく尽力した。（"グロウ"は彼女のニックネーム）（Courtesy of NASA/JPL-Caltech）

■CCD 撮像素子が地球接近天体の発見を大きく変える

　1983 年半ば、トム・ゲーレルスとボブ・マクミランは、地球接近天体捜索のため、アリゾナ州ツーソン近郊にあるステュワード天文台の口径 0.9m 望遠鏡で観測を開始した。これはスペースウォッチ・サーベイとして知られるようになる。ゲーレルスは望遠鏡を架台に固定し、地球の自転による日周運動で天体が望遠鏡の視野を通過していくようにした。1984 年には、この望遠鏡は、フルタイムで地球接近天体捜索に用いられるようになり、初めて CCD（電荷結合素子）が採用された。いまでは、天体観測やデジタルカメラ、携帯電話で当たり前になった CCD だが、当時は地球接近天体の発見に用いられる新たな技術であった。当初、スペースウォッチの CCD は、縦横 320 × 512 の画素しかなかった。一つ一つの画素が、焦点面の光の強さに比例した電荷を発生させる。1989 年には、スペースウォッチは 2k × 2k（縦横 2 千ピクセル）CCD カ

第 5 章　地球接近天体の発見と追跡

図5.4　ジーン、キャロリン・シューメーカー夫妻は、パロマー天文台で多くの地球接近小惑星や彗星の発見を共同で行なってきた。(Courtesy of Glen Marullo)

メラを使った望遠鏡でフルタイム観測を行なうようになった。今日ではスペースウォッチ CCD カメラはさらに大型になり、同じ星域を 15 分から 20 分間隔で何度も撮影するような技法で観測が行なわれている。次いでコンピュータープログラムが画像を比較し、移動していない星をただちに同定、除外する。ゲーレルスは、皮肉たっぷりに、（小惑星の方ではなく）こうした星を「空の害虫」と呼んでいた。画像から画像へ、写っている位置が移動しているのは太陽系内の天体であり、小惑星帯のゆっくり動くごくありふれた小惑星や、すばやく移動する珍しい地球接近小惑星も、長い軌跡や恒星を背景にした動きの違いで区別ができる。

　地球接近天体の最近の捜天観測では、昔ながらの写真乳剤（フィルムや乾板など）ではなく、いずれも大型 CCD 検出器が使われている。扱いやすいことやデジタル信号で出力されること、光をとらえる効率が高いこと、光の強さに対する応答の線形性（たとえば、受ける光の強さが隣の画素の 10 倍になると、その画素で発生する電荷も 10 倍になる）[8]がよいこと、などがその理由である。

図5.5 「オレたちの方に向かっている！」The Other Coast（漫画）より。（Adrian Raeside）

■NASAが本気で地球接近天体探しに乗り出す

　CCD技術導入により、地球接近天体の発見をめざす捜天観測の効率は大幅に改善された。そうした捜天観測の勢いは、コロラド州スノーマスで1981年7月に開催されたジーン・シューメーカー主催のワークショップ（研究集会）でいっそう強まった。公に刊行されたわけではないが、このワークショップの報告書は配布、回覧され、小惑星による衝突が稀な現象であるにもかかわらずきわめて悲惨な状況を生じさせることが注目を集めた。その結論が裏付けされるかのように、その1年前、アルヴァレス父子チームによって、恐竜の死は小惑星の衝突が原因らしいことが発表されていたのである。スノーマスレポートでは、望遠鏡での観測を実施し、組織的な災害軽減活動が開始できるよう、地球に脅威となる天体を早期発見することの重要性が強調された。とくに先見性で注目されるのは、正確な衝突予測技術の必要性、衝突回避技術の研究、そして、地球接近天体の物理的性質の調査が必要であるという勧告である。衝突を

いかに回避するかというメカニズムの設計には、現在不足している技術的データベースが必要であり勧告内容が求められるのである。

1980年代や1990年代初期のこうした勧告は、たちどころに幅広く支持を得たわけではなかった。一時期、メディアや科学界の一部の人たちにとって、地球に衝突する恐れのある小惑星に関しては「失笑を買うような側面」があった。誰も体験したことのない災害について心配するのは、賛意の表明がむずかしかったのである。1994年発表の反響が大きかった論文の中で、クラーク・チャプマンとディヴィッド・モリソンは、地球接近小惑星・彗星による地球への脅威について概要をまとめていた。大きな天体衝突事件は、なかなか個人の体験できるものではないが、いったん起こると大災害を引き起こすため、長期間にわたる統計的危険性としては、航空機事故、洪水、竜巻のような災害に匹敵する。衝突により、地域的災害ではなく、地球全体に被害が及ぶような小惑星サイズの下限は約1.5kmである。

1990年、アメリカ下院議会は、NASA複数年度制授権法に基づき、地球への小惑星・彗星の衝突の危険性を評価し、被害回避の方策を検討する2回のワークショップを開催するようNASAに要請した。これらワークショップの第一回目のレポートが1992年初めに刊行された。その「NASAスペースガード・サーベイ・レポート」はディヴィッド・モリソンが議長を務めたもので、25年以内に1km以上の大きさの地球接近天体（NEO）の90％以上を発見するという目標を掲げた。2年後、アメリカ下院議会の科学・技術委員会は、10年以内に1km以上のNEOすべてを確認、登録する計画について、報告をまとめるようNASA予算法案修正案を通過させた[9]。1995年には、ジーン・シューメーカーが議長を務めるNASAの別の専門家委員会が勧告を出した。その勧告内容は、10年以内に1km以上のNEOすべてを確認、登録するために、焦点面に高度な検出器を持つ口径2m望遠鏡2台と、口径1m望遠鏡1台か2台を専用に使えるようにするというものだった。

数年にわたり、地球接近天体について関心を寄せるジョージ・E.ブラウン（カリフォルニア州選出で下院科学委員会議長）のような議会メンバーが現れるようになった。地球接近小惑星を発見する努力は1998年5月に大きく前進することになった。当時、宇宙科学太陽系探査局の科学局長をしていたカール・ピルチャーは、10年以内に1km以上の小惑星の90％を発見するため、NASAが捜天プログラムをスタートさせると発表した。その「10年以内に1km以上

の小惑星の90％を発見」という目標は、NASAのスペースガード・ゴール（目標）として知られるようになった[10]。1998年夏、NASAは地球接近天体観測プログラムを発足させ、地球接近天体を検出、追跡し、これら天体の特徴を明らかにすることとなった。NASAの太陽系探査部門のトム・モーガンが数年にわたり、このプログラムを管理することになる。スペースガード・ゴールは、局地的な被害ではなく、世界的規模で被害が及ぶ最小の天体サイズが1、2kmサイズであることに基づいている。そうした大きさの衝突は現在では非常に稀で、平均して70万年に一度の頻度である。しかし、いったんそのような衝突が起きれば、被害は甚大であり、小さな衝突が何度起きてもそれには及ばない。人類にとって、長期にわたる最大の脅威である。

スペースガード・ゴールは、NEOのサイズで表現されるが、光学望遠鏡を扱う天文学者は直接小惑星の大きさを測定できるわけではない。そこで、小惑星の反射率（アルベド）を仮定することになる。もし、NEOが球形で、入射する太陽光の約14％だけを反射すると仮定すれば、軌道計算から求める太陽と地球からその天体までの距離、そして観測される見かけの明るさから、天体の実際の大きさが推定できるのである。

リンカン地球接近小惑星研究（LINEAR〔「リニア」と呼ばれる〕）プログラムは、マサチューセッツ工科大学のリンカン研究所によって運用されている。LINEARは1km以上のNEOのほとんどを発見してきた。ニューメキシコ州ソコロ近郊にて運用されるLINEAR捜天観測では、2台の口径1m望遠用が使われている。いずれも、もともとは米空軍が人工衛星監視用に使っていたものだが、改良が加えられ、即時読み出しと観測の効率化のため、CCD撮像装置が導入されている。

地球接近天体発見の年間記録を牽引しているのが、アリゾナ州ツーソン近郊で観測が行なわれているカタリナ・スカイ・サーベイである。ベゲロー山で運用される口径0.74m望遠鏡、その近くにあるレモン山の口径1.0mや1.5m望遠鏡、さらにオーストラリアのサイディング・スプリング近郊の口径0.5m望遠鏡（2004年から2011年まで稼働）が連携している[11]。

スペースガード・ゴールが、1km以上の地球接近天体の90％を見つけることであるとすると、それら天体の数をどうやって知ることができるだろうか？考えてみよう。たとえば、あなたやあなたの同僚の天文学者が、何年にもわたり地球接近天体を観測し、100個の地球接近天体を発見したとしよう。しかし、

その90％、つまり90個は、過去にすでに報告済みのもの、すなわち今回は再発見であったことが判明したとしよう。ということは、全体の90％はすでに発見済みで、もしも約900個の地球接近天体を発見していたとすると、全体では1km以上のNEO 1000個が存在するということになる。1km以上の地球接近小惑星の実際の数は、約990±数10個という。これは、天文学者アラン・W. ハリス（年長の）の行なったかなり高度な分析の結果であるが、一般的常識的数字となっている[12]。

■小惑星センター、JPL、ピサ軌道計算センターの関係

すべての太陽系天体の場合と同様に、NEOの軌道を計算するためには恒星に対するNEOの相対位置が必要であり、その観測データはまず、マサチューセッツ州ケンブリッジにある小惑星センター（MPC）に送られる。MPCは国際天文学連合から認可された組織で主にNASAからの資金援助で運営されている。現在、ティム・スパーが指揮を執っている。MPCはこうしたデータを収集し、それらをチェックし、天体の仮符号を割り当て、発見という功績を確定する。さらにデータをカリフォルニア州ラカナダにあるジェット推進研究所（JPL）の軌道計算センターや、イタリア、ピサ大学とスペイン、バジャドリド大学が共同で運営している地球接近天体力学サイト（NEODyS）からも利用できるようにし、一般にも公開する。MPCでは暫定的な軌道を計算し、その後集められる観測データでさらに軌道を改良する。MPCには、NEOの暫定軌道を計算し、NEO候補となるその天体の発見についてウェブで観測者たちに伝える責任がある。また、そうした天体の将来の位置を推算し、追跡観測を促すことも重要な仕事になっている。世界中の観測者からの膨大な観測データを適切に処理し、新たな天体発見の発表を行なっているのがMPCである。毎月、小惑星帯の小惑星が3000個以上、地球接近小惑星が約8個新たに発見されている[13]。MPCが観測データを収集し、地球接近天体の暫定軌道が算出されると、これらのデータは電子化された形で、JPLやピサの軌道計算センターに送られる。

JPLでは、データが受信されると自動的に軌道決定がなされ、位置予報が出される。将来にわたる地球との接近の情報も、JPL NEOウェブサイトですぐに利用できるようになる。もし100年以内に地球と異常なほど接近するような

場合があれば、ソフトウェアによって注意を促すようになっている。そうした天体は「セントリー（見張り番）システム」に登録され、将来の地球衝突の確率や衝突時刻、相対速度、衝突エネルギー、衝突被害規模などの関連情報を計算する。「セントリー」による警報は自動的にNEOプログラム室のウェブサイト（neo.jpl.nasa.gov）に送られる。比較的高い衝突確率や衝突エネルギーが大きなもの、あるいは衝突までの時間的余裕があまりないものに対しては、「セントリーシステム」が自動的にNEOプログラム室スタッフに通報し、その結果がウェブに出る前に人間が確認作業を行なうようにしている。そうした場合、まず正確さについてのチェックがなされ、確認のため、NEODySの職員に送信される。NEODySでも同様のプロセスが進められ、双方のシステムが同等の結果を算出した場合にはJPLとNEODySそれぞれのウェブサイトに関連情報がほぼ同時に掲載される。関心を集めるような天体[14]について、その情報を公開する前に独立したシステムである「セントリー」とNEODySによるクロスチェックは、重要な確認プロセスとなっている。発見のための捜天観測、発見後の追跡観測、そしてそれら天体の物理評価を含めた地球接近観測プログラム全体については、現在、ワシントンD.C.のNASA本部、惑星科学部門のリンドリー・ジョンソンが責任を担っている。

■地球接近天体：次世代の捜天観測

2003年、NASAは、地球接近天体科学定義チームの報告書を刊行した。その中の勧告では、地球接近天体の捜天観測を140m以上の大きさのものまで拡張することが述べられていた[15]。この新たな目標サイズは、1km未満の天体が警報なしで衝突する危険を90%除去するために必要だった。スペースガード・ゴールにより、すでに世界的規模での災害が発生する可能性は1割以下になった。新しい捜天観測が90%の水準まで完了したのである。これにより、1998年にNASAの捜天観測が開始される前と比べ、あらゆるサイズの未発見天体の危険評価全体は1%未満に減少した。直径140m以上の小惑星による衝突が起これば、地球大気を貫き、陸地に落ちようと海に落ちて津波を発生させようと、広い地域を壊滅させるほどの被害を与える。捜天観測が順調にいけば、発見から衝突までの猶予を使って、既存の技術で被害を減らすことが可能になるだろう。

発見された地球接近小惑星
1980年1月〜2011年8月

■ すべての地球接近小惑星
■ 1km以上の地球接近小惑星

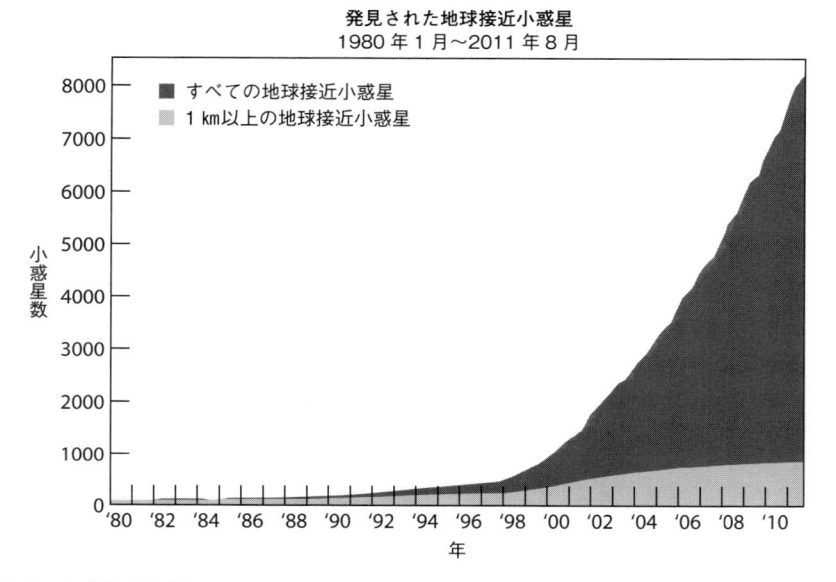

図5.6 地球接近小惑星の発見数が1990年末期から急増している。濃い曲線から下は、各年のあらゆるサイズの地球接近小惑星の発見総数を示している。薄い部分は、各年の1km以上の地球接近小惑星の発見数を示している。(Courtesy of Alan Chamberlin, NASA/JPL-Caltech)

　地上からの次世代型捜天観測の例として、Panoramic Survey Telescope and Rapid Response System (PanSTARRS〔「パンスターズ」と呼ばれる〕)、そしてLarge Synoptic Survey Telescope (LSST、大型シノプテック・サーベイ望遠鏡) が挙げられる。パンスターズは、アメリカ国防総省からの開発予算で作られたものである。2010年に稼働したパンスターズ1望遠鏡は、口径1.8mの単一鏡を持ち、ハワイ、マウイ島のハレアカラ山山頂に設置された。一度に7平方度の空を撮影できる新開発の1.4ギガピクセル大型CCDカメラ[16]を装備し、一晩で空を2度観測する。約1ヵ月、28日間で3度全天を網羅することになり、移動天体は最初に発見された夜で2度観測され、28日間の別の2夜でさらに2度の観測がなされることになる。将来は、口径8m鏡4台から成るシステムとして22等級までの天体を観測していくことになるだろう[17]。

　全米科学財団、米エネルギー省、個人からの寄付、そしていくつもの学術、研究スポンサーがLSSTの予算を支援している。計画されている望遠鏡の口径は8.4mで9.6平方度の視野が得られる。チリ北部のセロ・パチョンに設置さ

れる計画である。必要なさらなる予算が確保できれば、「ファーストライト」は2018年になる予定である。観測プランでは、3日間の夜で全天を網羅し、24.7等以上の暗い天体まで観測できるようになる[18]。

パンスターズ望遠鏡にしろ、LSSTにしろ地球接近天体専用望遠鏡というわけではないが、NEOの発見が主たる観測目的とされている。望遠鏡の視野と口径面積の積は、捜天観測によるNEO発見の能率性の目安とされている。この積は、現在稼働中の高性能捜天システムでも2くらいの値である。もし、上記システムが計画通りの性能で稼働した場合、パンスターズ1、パンスターズ4（4台の望遠鏡によるシステム）、LSSTでそれぞれ、12、51、319という値になる。LSSTシステムが設計どおりの観測モードで稼働した場合、約17年間で140m以上の地球接近天体のうち、90％を捜し出すと期待されている。LSSTシステムが、地球接近天体の発見専用に使うことができれば、12年間で目標を達成できるだろう。

2005年12月後半、NASAは議会から指示を受け、140m以上の天体を捜す観測のため、何をすべきか勧告を出すよう求められた。これに対応し、1年後、NASAはこの新たな目標を達成するために、他の機関と連携し、今後作られる地上の光学望遠鏡や専用の捜天システム[19]と協力を図ることを提唱した。宇宙空間に赤外線望遠鏡を置くことは、さらに発見の能率を高めるだろう。というのは、暗い小惑星から放射される電磁波の極大は赤外域にあるからである。また、最も危険な天体は、地球と似た軌道にあると予想されているが、地球軌道内側を回る軌道からは観測がしやすいのである。加えて、宇宙空間からの観測ならば、天候や昼夜に関係なく観測が可能となる。

JPLのスティーヴ・チェスリーとボール・エアロスペース社のロジャー・リンフィールドによるシミュレーションでは、金星軌道付近に置かれた口径0.5mの近赤外広視野望遠鏡を単独で使用した場合、140m以上のサイズの地球接近天体を8年でその90％が捜し出せるという。また、パンスターズ1望遠鏡と併用した場合には約6年で達成可能となり、LSSTシステムを地球接近天体専用に併用した場合には、約3年で達成可能となる。地球軌道内側の宇宙空間に置かれた赤外線望遠鏡ならば、地球接近天体を最も効率的に発見できるのである。一方で、地上の望遠鏡は宇宙空間のものに比べ費用がかからず、メンテナンスも容易であり、長持ちさせることができる。最も効率的で確実な捜天観測は、地上と宇宙からの連携観測である。

第5章 地球接近天体の発見と追跡

　広域赤外線探査衛星（Wide-field Infrared Survey Explorer：WISE〔「ワイズ」と呼ばれる〕）は、2009年12月14日に打ち上げられ、赤外線カメラのための冷却剤を使い切る2010年までの10ヵ月間稼働した。その後さらに4ヵ月間は、冷却剤なしの運用で全天すべてを2度観測している。その望遠鏡は地球接近天体発見用に設計されているわけではないが、WISE共同研究者のエイミー・メインザーと彼女のチームは、WISEによって蓄積された全赤外線画像データから、画像から画像へ移動している天体を調べることによって、地球接近天体・彗星の発見プログラムを成功に導いた。WISE運用の14ヵ月間に135個の地球接近小惑星と21個の彗星を発見した。こうして、いわゆるNEOWISE（ネオワイズ）プログラムは、宇宙空間の赤外線望遠鏡で地球接近天体を発見できることを実証したのである。NEOWISEは、さらに数個の地球接近天体を発見できた可能性があったのだが、軌道確定に必要な追跡観測ができる地上の大型望遠鏡が使えなかったため、行方不明になってしまった。

　NEOWISEでの観測は、電磁波の赤外線領域で行なわれるため、可視光観測で測られる小惑星の反射光、明るさといった情報以上に、小惑星からの熱放射を測定することになる。結果として、NEOWISEの観測では、小惑星のサイズを約10%の精度で、また反射率を約20%の精度で推定することができる。ほとんどの小惑星の光学観測では、反射率を仮定して小惑星のサイズを決定しているが、NEOWISEの観測では、もっと正確に、サイズと反射率の決定ができる。NEOWISEの観測からは、百から数百メートルサイズの地球接近天体の数が、光学観測だけで求めた数よりも予想どおり少ないことが示されている。こうして、NEOWISEの観測から、1km以上、500m以上、140m以上、100m以上の直径の地球接近小惑星の数がそれぞれ、およそ980、2400、13000、そして20500個あると見積もられている（表8.1を参照）。

　最近発見された地球接近天体が、地球に十分近いところにあった場合には、南カリフォルニア、ゴールドストーンの口径70mアンテナやプエルトリコ、アレシボの口径305mアンテナを使ったレーダー追跡観測が可能になり、ただちに天体の軌道が精度よく求まる。レーダー観測で得られる、天体までの視線方向の長さ（距離）と視線速度（ドップラー効果）は、光学観測と組み合わせるときわめて強力なデータとなる。つまり、光学観測によって視線方向に垂直な天球上の位置が求められ、レーダー観測で視線方向への3次元的位置データが得られるのである。視線方向の測定精度は、距離で数メートル、速度で

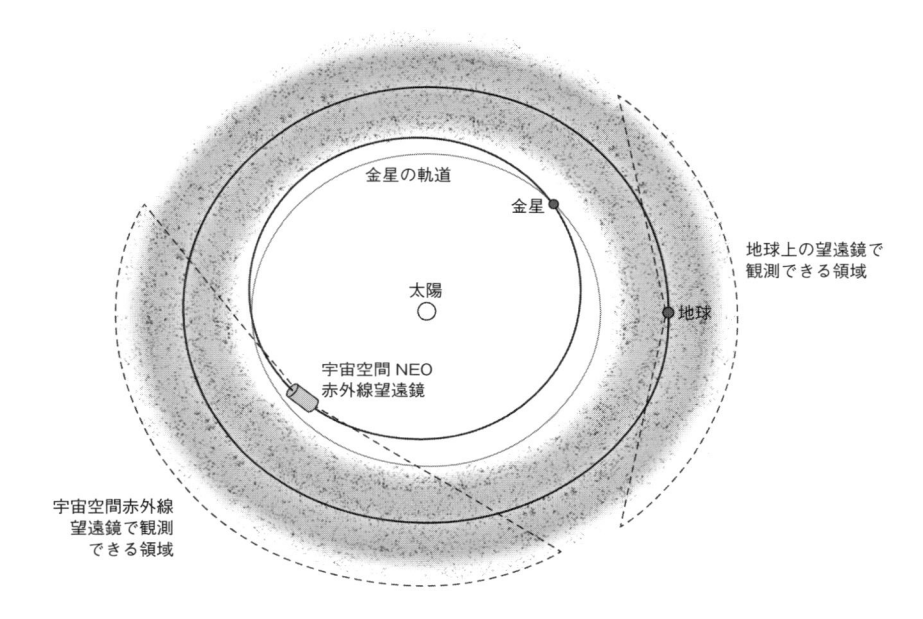

図5.7 地球接近小惑星の発見において、地球上の光学望遠鏡に対し、宇宙空間の赤外線望遠鏡がいかに優位であるかを示している。地球（3時の方向）から計画通り実施された場合の探索領域が示されているが、金星軌道に似た軌道を持つNEO赤外線望遠鏡（8時の方向）からはもっと広い範囲を探索することができる。さらに、地球上の光学望遠鏡に比べ、宇宙空間にあるこの赤外線望遠鏡は、地球よりも速く太陽を周回し、1日24時間観測可能であることから、暗い地球接近小惑星の検出がいっそう容易になる。

1mm/sという驚異的なものである。JPLのジョン・ジョルジーニの研究によると、最初に求められた軌道でレーダー観測のデータが使われている場合は、光学観測データだけの場合に比べ、平均で5倍も長く軌道計算を将来へ延長できるようになる。こうして、天体を見失うこともなく、将来の再発見が必要とされるような事態も避けられる。しかしながら、天体が近日点に2度以上きたときの光学観測データがあれば、それだけで高精度な軌道が求まり、レーダー観測による軌道改良の効果はあまり劇的ではなくなる。

レーダー観測は、天体の軌道の精度を大幅に改良するだけでなく、光学望遠鏡を超える分解能で、天体の自転や天体表面の特性についても情報を提供してくれる。地上の望遠鏡や宇宙探査機、そしてレーダーによる研究を通して、地球接近彗星・小惑星について、どのようなことがわかってきたのか、次の章で見ていくことにしよう。

第6章
小惑星と彗星の実体に迫る

小惑星は塵芥(ちりあくた)よりも古い。

■ドナルドダックとアンクル・スクルージ・マクダックが一番乗りだった

　1960年、ビデオゲームや携帯電話、インターネットもない時代、子供たちの娯楽といえば、たいていは漫画だった。ディズニーのドナルドダックや彼の大金持ちのおじさん、アンクル・スクルージ・マクダックは、漫画の冒険もののヒーローだった。1960年の漫画に「空に浮かぶ島」というのがあった。ドナルドダックとアンクル・スクルージ、そしてドナルドの甥、ヒューイ、デューイ、ルーイの3人も宇宙への冒険に加わる。アンクル・スクルージが少し前に買った中古のロケット「スカイフィッシュ・スペースワゴン」で小惑星帯へ向かうのだ。スクルージが自分の大金を安全に保管できるような小さな岩石惑星を見つけるためだった。小惑星帯を旅している最中に、家ほどもない小惑星や変な形の小惑星をいくつも発見した。衛星を持つ小惑星もあった。船外活動（宇宙遊泳）中のドナルドダックは、岩や灰でできた小惑星に飛び込んだが、それはさらさらしていてたがいにくっつきもしなかった！

　このように、1960年当時のドナルドダックや同乗の宇宙飛行士たちは、小惑星の多様な形や、衛星を持つものがあること、粘着性がほとんどない物質でできた、瓦礫の集積のような小惑星があることを突き止めていた[1]。人間の惑星科学者らが同じ結論に達するまでには、さらに数十年が必要だった。

第6章 小惑星と彗星の実体に迫る

■ラブルパイル小惑星：衝突時の法則

　太陽系初期には、岩石粒子がゆっくりとぶつかることで小惑星は大きな天体へと成長していった。もし、こうした小惑星が十分な大きさになっていれば、自分の重力で丸い形になっていただろう。鉄・ニッケルの核やそれを包む岩石質のマントル、そして、もっと小さな小惑星の衝突によるクレーター放出物で覆われた瓦礫のような表面岩石層、そうした層状構造がしっかりと証拠づけられた小惑星が一部にある。こうした層構造への進化を「分化」と呼んでいる。地球も層構造へ分化した天体であり、大型の小惑星であるヴェスタも分化している証拠がある。こうした層構造を持つ分化した小惑星は、誕生まもないころに強く熱せられたと見られ、その熱で融けた重い金属が沈み、中心部の核となったようである。初期の太陽系において、そのような熱がどのようにして発生したのか明らかではないが、有力な可能性として、アルミニウムの不安定な同位体（^{26}Al）が放射性崩壊してマグネシウムの同位体（^{26}Mg）になる際に発生した熱と考えられている。小惑星内部に含まれるアルミニウムのほとんどは安定な^{27}Alであるが、ほんの一部に^{26}Alがあれば、その崩壊過程で生じた熱は、さしわたし数キロメートルの小惑星を完全に融かすほどである。

　図6.1は、二つの大型小惑星同士の破局的衝突を描いた模式図であるが、一方の小惑星が分化した天体であり、もう一方は分化していない岩石状天体である。衝突により小さな多様な小惑星が発生し、岩石質の天体、岩石と鉄から成る天体、破片瓦礫が集まってできた天体、そして数少ない鉄・ニッケルの塊の天体が含まれる。直径50mほどの金属塊が5万年前、アリゾナの砂漠に落下しメテオールクレーターを作った。その周囲に鉄・ニッケルの隕石をばらまいたのである。（図4.1参照）

　ダンベルのような形をした小惑星（216）クレオパトラのような一部の小惑星からは、強いレーダー反射波が受かり、表面が金属でできていることがうかがえる。今日の隕石コレクションの主なものが鉄・ニッケルでできている隕鉄（鉄質隕石）である[1]。隕鉄の母天体は、別の小惑星との破局的衝突の前、金属核を有する小惑星であったことが推測される[2]。また、豊富な証拠からいえることだが、小型の小惑星には、岩塊や衝突で亀裂のある岩石でできているものがある。大型の地球接近天体（433）エロスはさしわたしが34kmもある亀

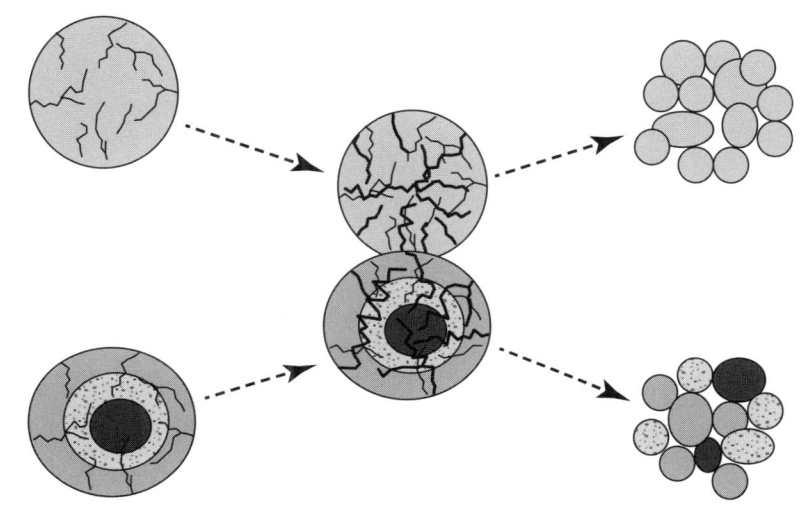

図6.1 異なる小惑星タイプの起源と、それら小惑星由来の隕石を説明する図。分化している層構造をなす小惑星が、未分化で層構造のない岩石質小惑星と衝突した場合、多くの小さな小惑星が発生し、中には隕石として地球に飛来するものも出てくる。衝突破片は、未分化の岩石質天体や、分化した天体のそれぞれの層（ゆるやかな表層、岩石・鉄の中間層、鉄・ニッケルの核）の特徴を持っている。

裂のある岩塊と見られている天体であるが、大型の小惑星のほとんどは、自己重力でまとまったラブルパイル（瓦礫の集積体）と呼ばれる構造になっているようである。ラブルパイル小惑星とはどのようなものなのだろうか？

1970年代後半までは、惑星科学者の間での共通理解として、小惑星とは回転する岩石天体、というものだったが、1977年にクラーク・チャプマンとドン・デイヴィスは、小惑星には衝突破片の瓦礫がゆるく集合したもの、すなわちラブルパイルになっているものがあるらしいと論じた。長期間には、小惑星相互の衝突が起きるだろうが、衝突時のエネルギーは、衝突で生じた破片が完全に飛び散ってしまうほどにはならないという理由であった。

研究者の中には、ラブルパイル天体を、トラックの積み荷をどさっと下ろしたときのような構造だと考える者もいたし、また、ゆるやかな塊を作っているにせよ、塊同士の摩擦や粒子間の静電気力によってある程度しっかりしたまとまりを作っていると考える研究者もいた。コロラド大学の天体力学研究者、ダン・シアーズは、非常に弱い小惑星の重力で、小惑星表面の粒子の重さもたいへん小さなものになることを指摘した。このため、ラブルパイルを構成する塊

がおよそ1mを超さない限り、塊間に働く静電気力（ファンデルワールス力）と重力が同じになり、ラブルパイル小惑星というものは、場合によってはわずかな力でまとまっているにすぎない。崩れることなく、表面物質がパン粉のような奇妙な構造がとれるのも、ファンデルワールス力あってのことである。ダン・シアーズは、小さな小惑星の表面にある砂や岩が、パン粉のように振る舞うかもしれないとも言っている。

　ラブルパイル構造でうまく説明がつくことがある。小惑星の中には、密度がやけに小さいものがあるのだ。たとえば66kmサイズの小惑星（253）マチルドだ。1997年にニア・シューメーカー探査機が短時間だけ接近した。マチルドの重力によって探査機の軌道がわずかに曲がるが、小惑星の質量が大きいほど、探査機を引っぱる小惑星の重力も強くなり探査機の軌道もいっそう曲がる。接近中に撮影された画像からマチルドの形状モデルが求められ、これにより体積も見積もられる。マチルドの質量を体積で割れば、平均密度が出る。それは$1.3g/cm^3$という値だった。水の密度が$1g/cm^3$であるから、マチルドがもう少し軽かったら水に浮いてしまうほどである。これほど小さな密度になるには、マチルド内部がかなりスカスカになっている必要がある。空隙率[2]は60％以上である。また、それほどの空隙率であるがゆえに、半径を超えるような大きさのクレーターができる衝突を何度も受けても、（衝突時の衝撃を吸収するため）マチルドが生き残れたのである。これらのクレーターが巨大であったため、最初はなぜ岩石小惑星が破壊をまぬがれたのか不明だった。その謎解きをしたのはジーン・シューメーカーだった。大きなクレーターができる衝突でマチルドが生き残れた唯一の理由が、極端な空隙率であった。マチルドを作る固い塊の間に空間がかなりあるため、衝突のエネルギーが小惑星中に伝わるよりも吸収されてしまう。もしもマチルドが一つの岩石でできていたら、残っていることができなかっただろう。たとえていえば、レンガをハンマーでたたけば粉々になるが、砂の大きな集合体をハンマーでたたいても起伏ができるだけだ。砂の緩やかな集積の場合、その空隙率は約40％、隙間が40％で砂が60％ということである。マチルドの空隙率は約60％と見積もられている。マチルド内部の隙間が、大きなスケールの隙間なのか小さな隙間なのかは明らかではない。

　2005年9月、地球接近小惑星（25143）イトカワに到着した探査機「はやぶさ」からは、撮像を通して、イトカワがきわめて起伏の多い天体であることがわかり、破局的な衝突を経験し、その破片が集合してラブルパイル構造になったこ

ラブルパイル小惑星：衝突時の法則

図6.2 小惑星（253）マチルド。1997年6月にニア・シューメーカー探査機が撮影。それぞれがマチルドの半径ほどもある四つの大きなクレーターが確認できる。全長6km。C型小惑星で炭素化合物に富む。S型の岩石質小惑星や、さらに稀なM型の鉄・ニッケル小惑星よりも密度は小さい。（Courtesy of NASA and the Applied Physics Laboratory of John Hopkins University）

とがうかがわれた。

　二つの丸い岩石質部分がつながった構造をしており、表面にはほとんどクレーターが見つからなかった。小さな小惑星による衝突で、イトカワ表面は震動し、表面が揺さぶられ、ならされてしまうのだろう。この地震動と呼ばれるものによって繰り返し、以前の衝突でできたクレーター内が埋められていく。分光観測によって調べられた結果、イトカワ表面は主にカンラン石や輝石といった物質でできていることがわかった。これらの鉱物は、隕石で最も一般的な「普通コンドライト」に見られるものである。エンジンや通信のトラブル、さらには燃料不足やバッテリーの不具合を克服し、2010年6月、勇敢な「はやぶさ」は地球への帰還を果たした。オーストラリア内陸部の砂漠に着地したカプセルには、イトカワ表面から回収された数千個もの微粒子が収納されていた。これら微粒子の分析から、イトカワがLL型コンドライト隕石と同じものであることが明らかになった。広く熱せられた形跡があること、元素組成が初期の太陽に予想される組成とよく一致していることもわかった。LL型のLLとは、鉄

図6.3 日本の探査機「はやぶさ」が、2005年秋に地球接近小惑星（25143）イトカワを幅広く探査した。イトカワの名は、日本のロケットの父といわれた糸川英夫の名からとられたもの。「はやぶさ」は隼（鳥）から〔小惑星イトカワのサンプルを素早く採取し離陸するさまを、獲物をつかんで飛び立つ隼のイメージにたとえての命名〕。この画像では、凹凸に富む表面と二つの大きな塊から成るイトカワのようすがわかる。大昔、ラブルパイルとしてできた可能性を示唆している。イトカワはS型の石質小惑星である。（Courtesy of JAXA）

など一般に金属成分が少ないことを意味している。これら微粒子は、実験室で何年にもわたって詳しく調べられるだろう。地上の望遠鏡からの観測に基づき、MIT（マサチューセッツ工科大学）のリチャード・ベンゼルと彼の同僚らは、早くも2001年の段階でイトカワのスペクトルがLL型コンドライト隕石に似ていることを指摘していた。

　マチルドが破砕することなく衝突エネルギーを吸収する能力や、イトカワの起伏の多い岩だらけの表面は、まさにラブルパイル構造の証拠といえる。しかし、小惑星のラブルパイルモデルを支持する最強の証拠は、小惑星の自転の研究から求められた。

■回転する岩：小惑星の自転

　アマチュア天文家の中には、夜の長時間を費やし、遠い小惑星から届くわずかな光の変動を観測している人々がいる。こうした観測者の多くが専門的な活動をしており、名目だけのアマチュアだ。彼らは、小惑星の自転周期をきわめて正確に測定している。ボーリングのピンのような小惑星を想像してほしい。太陽がその小惑星を照らすと、観測者に見える小惑星の大きさによって観測される明るさが変わってくる。すなわち、端の方が見えているよりも、幅広い側面が見えているときの方が明るく見える。長軸のまわりに回転する、完璧に投げられたラグビーボールとは異なり、自然界の自転では短軸のまわりに回転する傾向がある。

　自転する小惑星からの光量を時間経過にしたがって注意深くモニターしていくと、光度曲線というものが得られるが、これにより自転周期や、データの分量によっては自転軸の向きを推測することもできる。小惑星の自転周期は、数週間から 30 秒以下まで広範囲に及んでいるが、150m 以下のものでは通常 2 時間以下の自転周期である。かなりの大きさのもので比較的速い自転周期を持つものでは、衛星があるケースがほとんどである。これはどういうことなのだろうか？

　岩石質 S 型小惑星の平均密度はおよそ $2.5 g/cm^3$ 程度だろう。たとえば、S 型小惑星のエロスの平均密度は、ニア・シューメーカー探査機を追跡観測したデータから得られ、$2.6 g/cm^3$ であることが判明した。もしこうした小惑星が岩の塊だとすると、どのような自転周期でもとりうるはずであるが、ほぼ球形に岩砕が緩く集まったラブルパイル構造だとすると、速く自転しても 1 日に約 11 回転どまりである。それを超えると分解してしまう。したがって、もしほとんどの小惑星がラブルパイル構造なら、1 日約 11 回転（約 2.2 時間で 1 回転）が自転周期の限界となるはずである。観測して見ると、そのような限界値が現れていることがわかる。つまり、小惑星のほとんどがラブルパイル構造を持っていることになる。実際には状況が少し異なっているかもしれない。つまり、ほとんどの小惑星が球形ではないこと、ある程度強固さを持つこと、そして速く自転する大型の小惑星がある一方で、ゆっくりと自転する小さな小惑星も一部存在するためである。それでも、図 6.4 にプロットしたように、比較的大き

な小惑星の場合、約2時間という自転周期の限界が存在する。

　高速自転する小さな小惑星では、強固さがなければ、赤道部から物質が飛び去ってしまう。そうした物質が結集して衛星になることも考えられる。図6.5では、二重小惑星（66391）1999 KW4 のレーダー映像を示しているが、明らかに赤道部が膨らんでいる。その自転周期は現在約2.8時間であるが、小惑星の片面からの再放射がより強いためのヨープ効果でもう少し速くなれば、表面に固定されていない物質は、極から赤道域へと転げ、さらに表面から浮かび上がった物質は互いに集積していき衛星になっていく。地球接近小惑星の少なくとも15%には衛星が存在し、二つも衛星を持つものもある。かつては衛星を持っていたか、あるいは二重小惑星であったものが、いまは合体し二つの塊から成るような地球接近小惑星も15%ほど存在している。

■地球接近小惑星のレーダー像

　プエルトリコのアレシボや、南カリフォルニア、モハーヴェ砂漠ゴールドストーンのレーダーで観測できるほど地球接近天体が地球に接近した場合には、天体の形や自転について、驚くほどの精度でデータが得られることがある。レーダーは小惑星に向けてパルス状電波を発信する。天体から反射した電波を受信アンテナで受け、電波が往復にかかった時間から距離を求める（電波の速さは光の速さと同じ、約30万km/s）。その精度はわずか数メートルである[3]。小惑星が自転すると、異なる部分からの反射電波が受信される。たとえば、短軸のまわりに自転するボーリングのピンのような小惑星の場合、向きによってレーダー波が端に当たったときには往復にかかる時間はわずかに短くなり、側面にレーダー波が当たったときよりも視線距離はわずかに短くなる。レーダーでは、レーダーから小惑星に向かう直線に沿う視線速度も同時に測っている。これはドップラー偏移と呼ばれているもので、小惑星がレーダーアンテナに対し接近中にはレーダー波の周波数は増し、遠ざかっているときには周波数は減る。

　小惑星から返ってくるレーダー反射信号から、同じ小惑星の変光曲線の分析とも併せて、形状モデルを導き出したり、衛星を発見したり、また、自転周期を求めたり自転軸方向を求めることがよく行なわれている。レーダー観測では、表面起伏の程度や表面ではどの程度まで金属質の面が広がっているのか[4]とい

地球接近小惑星のレーダー像

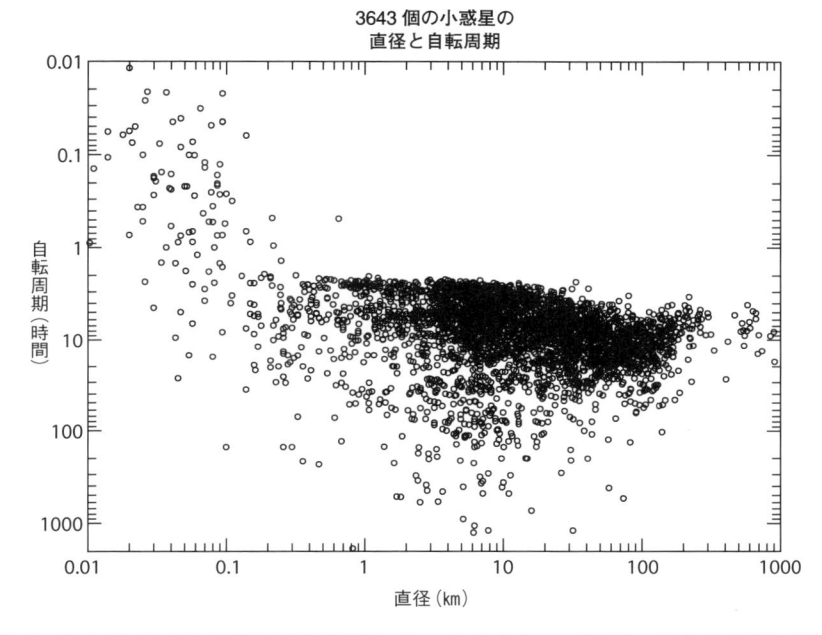

3643 個の小惑星の
直径と自転周期

図6.4 サイズに対する小惑星の自転周期をプロットしたもの。約 150m 以上の小惑星では自転周期 2 時間以下のものがほとんど存在していない。同様に、150m 以下の小惑星で、2 時間を超える自転周期を持つものが比較的少ない。（Courtesy of Alan W. Harris）

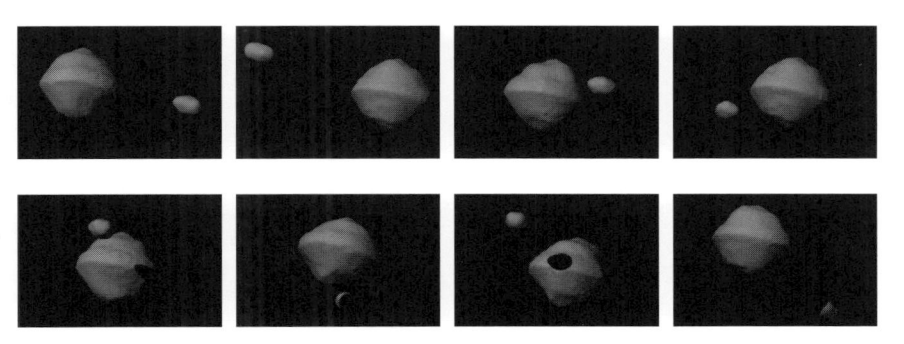

図6.5 2001 年 5 月にレーダー観測された地球接近小惑星（66391）1999 KW4 の映像。単独ではなく二重小惑星であること、主たる小惑星の赤道部が膨らんでいることがわかる。主たる小惑星と衛星の全長はそれぞれ、1.6km と 0.6km。衛星は主たる小惑星から 2.5km 離れて約 17.4 時間で回っている。（Courtesy of NASA/JPL-Caltech）

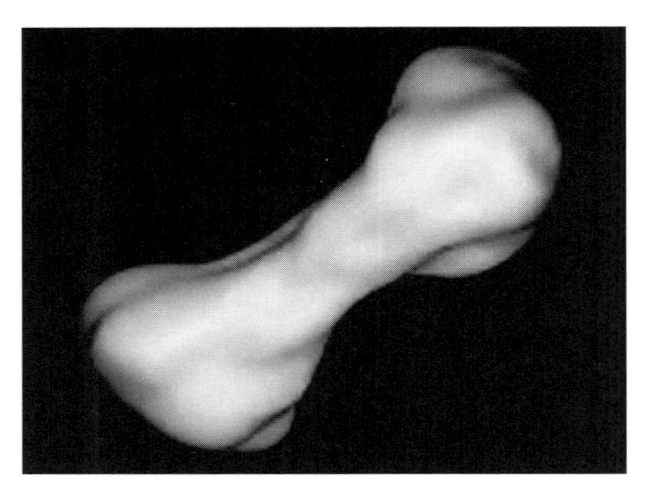

第6章 小惑星と彗星の実体に迫る

図6.6 小惑星帯の小惑星（216）クレオパトラのレーダー画像。1999年11月の観測。犬がかじる骨のような形であることや表面が金属質であることが判明した。クレオパトラはM型小惑星で全体の大きさは217×94×81kmとなっている。（Courtesy of NASA/JPL-Caltech）

ったことも調べられる。図6.6で見られるように、小惑星帯にある小惑星（216）クレオパトラはダンベルのような形をしており、全長が200km以上の岩と金属が緩く混合した天体であることが判明している。2008年9月、パリ天文台のパスカル・デシャンプス、カリフォルニア大学バークレー校のフランク・マーキスと彼の同僚たちは、ハワイ、マウナケア山頂の口径10mの巨大なケックⅡ望遠鏡を使って、クレオパトラが約5kmと3kmの衛星二つを持っていることを明らかにした。この外側と内側、二つの衛星は、クレオパトラとマルクス・アントニウスの間に生まれた双子の名[3]から、アレックスヘリオスとクレオセレーネと命名されている。

　詳細な小惑星の形状モデルは、探査機による画像から作成されている。表6.1には、各探査機別に、探査機が小惑星に接近した日付、接近距離、解像度（画素スケール）がまとめてある。表面地形が数画素以上に及ぶ場合、地形の識別が可能になる。たとえば、小惑星（951）ガスプラの場合、その表面にある150mから200mほどの物体がガリレオ探査機の画像で識別できる。

表6.1 探査機による小惑星観測

小惑星に接近した各探査機について、識別画素スケール、探査計画名、最接近日、最接近距離が示されている。

目標天体	識別画素スケール（m）	探査計画名	最接近日	最接近距離（km）
ガスプラ	54	Galileo [1]	1991年10月29日	1,600
イーダ／ダクティル	30	Galileo	1993年08月28日	2,391
マチルド	160	NEAR [2]	1997年06月27日	1,212
エロス	0.05	NEAR	2000年02月12日	ランデブーと着陸
ブライユ [3]	120	DS1	1999年07月29日	28
アンネフランク [4]	185	Stardust	2002年11月02日	3,079
シュテインス	80	Rosetta [5]	2008年09月05日	803
ルテティア	60	Rosetta	2010年07月10日	3,162
イトカワ	0.06	Hayabusa [6]	2005年09月	ランデブーと着陸
ヴェスタ	20	DAWN [7]	2011年07月	ランデブー
ケレス	70	DAWN	2015年03月～04月	ランデブー

(1) ガリレオ探査機は、小惑星（951）ガスプラと（243）イーダに接近した。ガスプラとイーダの全長はそれぞれ19kmと54km。さらに、イーダには1.6kmサイズの衛星が発見された。ダクティルは、多数発見された小惑星の衛星の第1号である。

(2) ニア（地球接近小惑星ランデブー Near-Earth Asteroid Rendezvous: NEAR）は、小惑星（253）マチルドに四つの大きなクレーターを発見。そのクレーターは、マチルドの半径に匹敵する大きさである。ニア・シューメーカー探査機（アメリカの地質学者であり天文学者のユージン・シューメーカーは、1997年、交通事故により69歳で亡くなった。小惑星や彗星、天体衝突クレーターの研究で天文学に貢献し、NEAR計画立案の重要なメンバーでもあった。そうしたシューメーカーの業績をたたえるため、2000年3月14日、NASAは、NEAR探査機の名前を、「ニア・シューメーカー」と改名すると発表した）は、小惑星（433）エロス周囲を約1年間周回したのちエロスに果敢な着陸を行なった。マチルドはおよそ球形をしており、全長66km。一方のエロスは、太めのソーセージといった形状で全長は34km。

(3) （9969）ブライユは全長約2km。自転周期は長く、226時間にもなる。最接近距離は約28kmで、ディープスペース1探査機が13500kmの距離から撮像を行なった。

(4) 小惑星（5535）アンネフランクは、およそ楕円体で長軸の長さは6.6kmになる。

(5) ヨーロッパ宇宙機関（ESA）のロゼッタ探査機は、チュリュモフ–ゲラシメンコ彗星に向かっており、その途中で、すでに小惑星（2867）シュテインスと（21）ルテティアの近傍を通過している。シュテインスは全長約6.7km。望遠と広角二つのカメラで撮像されたが、シャッタートラブルのため、望遠用カメラでは接近時の撮像ができなかった。ルテティアの全長は約130km。

(6) 2005年11月、探査機「はやぶさ」は、地球接近小惑星（25143）イトカワに着陸した。着陸時、サンプル採取装置は予定したようには動かなかったが、着陸時に舞い上がった塵が取り込まれ、2010年6月13日に地球への回収に成功した。

(7) ドーン探査機は小惑星（4）ヴェスタと2011年7月にランデブーを実施。2015年には準惑星ケレスとランデブーの予定。

■彗星：地球接近天体の少数派

　数の上では、地球接近天体の99％を占める小惑星に対し、活動的な彗星は約1％を占めるにすぎないが、その軌道により大きく二つに分類される。すな

わち、短周期彗星と長周期彗星である。前者はほとんどの場合、木星の重力の影響を大きく受けている。後者は、遠くオールト雲から太陽系中心部へとやってくる。

　小惑星の構造が、主に衝突という現象で決まってくるのに対して、彗星の構造は、氷成分の蒸発と氷の中に含まれる微粒子の流失で決まってくると考えられている。小惑星は数百万年にも及ぶ中、何度もの衝突で破壊されてしまうこともある。はるかに壊れやすい彗星の方は、揮発性の氷成分が枯渇するか、あるいは氷の上に塵の層が覆うようになり氷が埋まってしまうようになれば彗星としての活動が停止する。この段階ではもう小惑星と呼ばれるようになる。彗星はガスや塵を放出して失っていくが、小惑星にはそうした活動性がない。これが彗星と小惑星を区別する外見上唯一の違いである。地球接近小惑星全体の15％が、氷成分が枯渇した彗星か、塵の層に覆われ休眠状態の彗星である可能性がある。彗星のなれの果ては小惑星ということもあり得るのである。彗星の一生は、次々に分解を繰り返し、ついにすべて塵の雲と化すという劇的な終わりかたをすることもある。そうした彗星の分解現象が、2006年にハッブル宇宙望遠鏡によって観測された。短周期彗星73P/シュヴァスマン・ヴァハマン第3彗星の核が次々に分裂していったのだ。太陽系中心部に入った彗星で核の分裂を起こすものは数パーセントにすぎないが、それは、木星や太陽のそばを通過するような彗星を除外した場合である（そのような彗星では木星や太陽の潮汐力を受けて分裂することがある）。一部の彗星がなぜ分裂するのかは不明である[5]。分裂している事実から、彗星の核はたいへん壊れやすい構造であることが推測される。もし彗星核の一塊を手で握れば、軽く固めた雪玉のようにたちまち壊れてしまうだろう。

　彗星の固体部分である核の研究は、小惑星に比べてむずかしい。太陽系中心部に入ってきた彗星が、地球からの望遠鏡観測が可能なほど接近したとき、氷成分の蒸発（昇華）や氷の中に含まれる塵の放出で、「コマ」と呼ばれる彗星大気が生ずるが、これにより核が完全に隠されてしまうのだ。彗星が太陽から離れていくとコマが希薄になってくるが、そのときには彗星が地球から遠くなっているため詳しい観測ができなくなっている。結果として、彗星の核について我々が知っているのは、コマの中に突入した数機の探査機がもたらしたものである。表6.2には彗星に接近したいくつかの探査機についてまとめてある。それぞれの彗星核は外見上も異なっているが、一般的な結論も引き出せる。ほ

彗星：地球接近天体の少数派

図6.7 2006年4月18日にハッブル宇宙望遠鏡がとらえた73P/シュヴァスマン・ヴァハマン第3彗星の崩壊。(Courtesy of NASA, European Space Agency; H. Weaver (Applied Physics Laboratory of John Hopkins University), M. Mutchler, and Z. Levay, Space Telescope Institute)

とんどの核が、揮発性物質の氷とその中に混じっている（あるいは表面を覆っている）塵粒子から成っている。

　彗星の氷で圧倒的に多いのが水（H_2O）の氷である。二酸化炭素の氷、すなわちドライアイスは10％前後含まれていることが多いのだが、非常に活動的だったハートリー第2彗星（103P/Hartley 2）では、二酸化炭素の存在量がかなり高いレベルに達していた。2010年11月4日、この彗星に接近したディープインパクト探査機は、ピーナッツのような奇妙な形をした核を確認した。塵

91

やH_2Oの氷塊が、核の端にある小さな領域から二酸化炭素のガス噴出によって流出していた。くびれた滑らかな部分からは水蒸気だけが出ていた。この彗星は、限られた時間だけ太陽系中心部を通過しているにすぎず、そうでなければ、二酸化炭素のほとんどが太陽によって熱せられ、はるか昔に蒸発してしまっているはずである。一酸化炭素やメタン、アンモニアのようないっそう揮発性の高い（気化しやすい）氷も、彗星に存在するが、はるかに少ないレベルになる。水（H_2O）は、彗星ができた領域である太陽系外縁部でありふれた存在であり、上記の氷の中では最も揮発性の低い（気化しにくい）物質であるため、彗星の核を作っている氷成分のほとんどが水の氷であるのは当然である。観測的な証拠から、核の表面は塵の層に覆われており、その下に氷成分が埋まっていると考えられている。もし、氷成分がむき出しになっていれば、太陽系の中央領域で、長期にわたり存在することはできないはずである。1986年、ハレー彗星（1P/Halley）に探査機が接近したが、それ以前に、彗星の核は汚れた氷の玉、汚れた雪だるまと考えられていた。実際には、核表面での氷の少なさや氷以上に塵が多いことが判明し、「汚れた氷の玉」は、「凍った泥の玉」に修正された。

　活動的な彗星が太陽系中央領域に入り込んだとき、太陽の熱で彗星の汚れた表面は温められ、塵の層の下にある氷が蒸発し始める。宇宙空間からは事実上圧力が働いていないため、氷は液体を経ないで直接気体になるが、このプロセスを「昇華」と呼んでいる。こうした氷の蒸発によって気体や塵のジェットが起こり、これらは地上の天文台や彗星に接近した探査機からも観測されてきた。

　テンペル第1彗星（9P/Tempel 1）の核の表面には、いくつかの古いクレーターがはっきりと確認できるが、それらを除けば、多くの小惑星によく見られるようなクレーターはほとんど見当たらない。彗星に対しても衝突現象は起こるが、核表面の活動によってクレーターはたちまち浸食されてしまうのだ。短周期彗星の場合、近日点通過のたびに失われる物質は、核表面からざっと1～2mと見積もられている。彗星の核が数kmサイズとすると、活動的な彗星として存在できるのは氷成分を失うまでの1000年程度ということになる。小惑星に対して、太陽系中心部にある活動的な彗星はいかに短命なことか。

表6.2 探査機による彗星観測

各探査機について、探査した彗星名、識別画素スケール、接近日時、最接近距離を示した。

対象天体	識別画素スケール (m)	探査計画名	接近日時	最接近距離 (km)
ジャコビニ-ツィナー彗星		ICE [1]	1985年09月11日	7800
ハレー彗星		VEGA 1 [2]	1986年03月06日	8890
		Suisei [3]	1986年03月08日	150000
		VEGA 2	1986年03月09日	8030
		Sakigake	1986年03月11日	700
	45	Giotto [4]	1986年03月14日	596
ボレリー彗星	47	DS1 [5]	2001年09月22日	2171
ヴィルト第2彗星	15	Stardust [6]	2004年01月02日	240
テンペル第1彗星	1	Deep Impact [7]	2005年07月04日	500
ハートリー第2彗星 [8]	4	Deep Impact	2010年11月04日	700
テンペル第1彗星 [9]	10	Stardust-NExT	2011年02月15日	178
チュリュモフ-ゲラシメンコ彗星		Rosetta [10]	2014年11月	

(1) The International Cometary Explorer（国際彗星探査機：ICE）は、太陽から離れたジャコビニ-ツィナー彗星（21P/Giacobini-Zinner）の核まで約7800kmに接近通過した。カメラは積んでいなかったが、太陽磁場が彗星のコマ周囲を包み込んでいるようすが検出された。それ以前の段階で、ICEは太陽と地球の間の観測点から、太陽風粒子と地球磁気圏、その荷電粒子との相互作用を調べていた。その観測から4年後、ロバート・ファーカー（NASAで軌道設計分野の主導的研究を行なってきた）が設計した5回の月スイングバイによる重力アシストを経て、ISEE‐3（アイシー3：国際太陽‐地球探査機 International Sun-Earth Explorer 3）はICEと改名され、ジャコビニ-ツィナー彗星との接近に向かうことになったのである。

(2) ソ連（現在のロシア）は、ハレー彗星（1P/Halley）に向けて2機の探査機を送った。VEGA 1のカメラではピントが甘かったが、VEGA 2のカメラでは露光過度な同彗星の核画像が得られた。彗星の全長は約15kmであった。

(3) 日本の「すいせい」と「さきがけ」は、ハレー彗星のコマと太陽風の相互作用を調べることを目的としていたが、どちらもカメラは積んでいなかった（「さきがけ」にはカメラがなかったが、「すいせい」には紫外線カメラが積まれていた）。

(4) ヨーロッパ宇宙機関のジオット探査機は、視野内の最も明るい物体を撮像するようプログラムされていた。このため、最も高い解像度の核画像には、明るい塵の噴出がとらえられていた。

(5) ディープスペース1(DS1)はイオンエンジンなど新技術をテストする目的で設計されていた。ボレリー彗星（19P/Borrelly）に接近した。カメラはボーリングのピンのような長細い姿をとらえた。全長は約8.4km。最も解像度の高い画像を得たときには、彗星まで3556kmの距離にあった。

(6) スターダスト探査機はヴィルト第2彗星（81P/Wild 2）に接近し、彗星の塵のサンプルを収集した。2006年1月15日には、地球にサンプル入りカプセルを帰還させた。およそ球形の同彗星の全長は約5.5km。探査機本体はスターダスト‐NExTと改名し、テンペル第1彗星（9P/Tempel 1）に対し2011年2月15日に接近した。NExTは、New Exploration of Tempel 1（テンペル第1彗星の新探査）を意味する。

(7) テンペル第1彗星（9P/Tempel 1）は探査機から約700kmの距離で観測された。その際には撮像をストップし、核周辺の塵から機体を守るため、シールドモードに切り替えた。本体から分離した衝突体からは、彗星への衝突前、彗星の高解像度画像が撮られ探査機本体に電送された。同彗星の核は丸みを帯びたピラミッド型で全長は7.6kmである。

(8) 2005年7月のテンペル第1彗星への接近後、ディープスペース1は、2010年11月のハートリー第2彗星（103P/Hartley 2）との接近をめざすことになった。同彗星の核は、全長2.3kmの細長いピーナッツのような形で、起伏に富む二つの大きな塊が、滑らかな結合部でつながったようになっている。

(9) テンペル第1彗星の核は、2005年7月、ディープインパクト探査機により観測された。さらにその後、2011年2月に今度はスターダスト‐NExT探査機によって観測されている。2011年2月の観測では、2005年のディープインパクトによって作られたクレーターが確認された。このクレーターは直径約50mで、中央丘があるものの控えめであまり明瞭なクレーターではなかった。このことから、核の方面が壊れやすく多孔質であることが示唆される。

(10) ヨーロッパ宇宙機関（ESA）のロゼッタ探査機は2014年8月にチュリュモフ-ゲラシメンコ彗星（67P/Churyumov-Gerasimenko）とランデブーし、2015年の近日点通過を通じて、活動的な核の観測を行なう。また、11月には着陸機を切り離し、核表面へ着陸する。成功すれば、着陸機は画素あたり2cmという高解像度画像を得ることになろう。

第 6 章　小惑星と彗星の実体に迫る

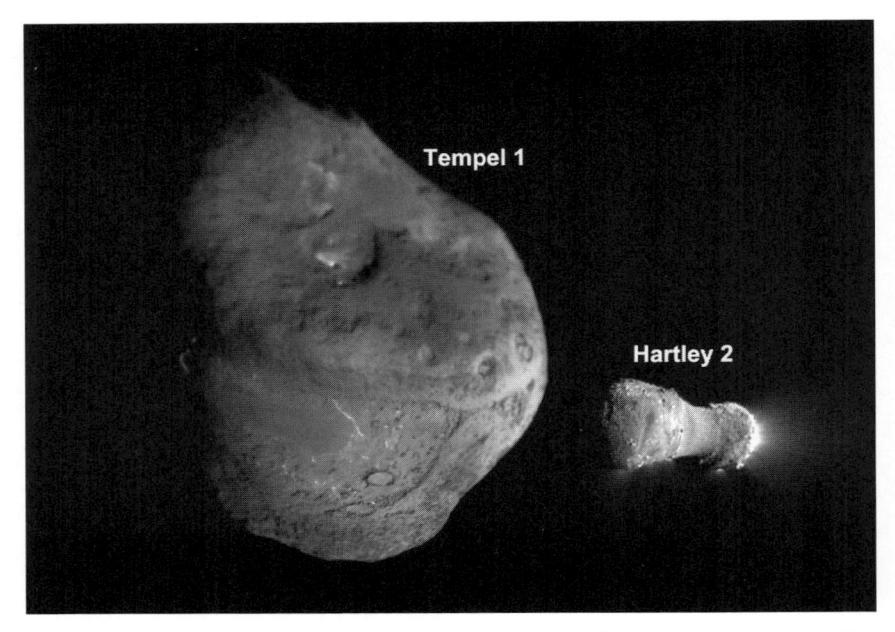

図6.8　テンペル第 1 彗星（9P/Tempel 1）とハートリー第 2 彗星（103P/Hartley 2）の核がディープインパクト探査機によって、それぞれ 2005 年 7 月 4 日と 2010 年 11 月 4 日に撮影された。テンペル第 1 彗星の核は直径約 6km。放出されているのは圧倒的に水蒸気で二酸化炭素の放出は少ない。ピーナッツ型の核を持つハートリー第 2 彗星の方は、全長 2km 強で、二酸化炭素の放出により核の端から塵や氷の塊が流出している。一方、くびれている滑らかな部分からは水蒸気だけの放出が認められた。（Courtesy of NASA and the University of Maryland）

■移行天体：どっちつかずの小惑星と隠れ彗星

　それほど昔とはいえないが、以前は彗星といえば、太陽のまわりを細長い楕円で大きく傾いた軌道[4]を描いて動く汚れた氷の玉と考えられていた。そして、岩石質の小惑星の大半が火星と木星の軌道の間、小惑星帯にあり、円に近い、あまり傾きのない軌道で太陽を周回していると考えられていた。彗星は太陽のまわりをさまざまな傾きを持った軌道（順行軌道あるいは逆行軌道）で周回している。一方の小惑星では、惑星同様、順行軌道だけであった。ところが今日では、こうした考えに対し多くの例外が出てきており、彗星と小惑星の間に明瞭な区別をつけることがもはやむずかしくなっている。太陽のまわりをかなり

楕円の軌道で、しかも大きく傾いた、さらに逆行軌道で回っているような小惑星が見つかっている。たとえば、(20461) ダイオレツァ[5]はもしかするともとは彗星だったのかもしれない。軌道傾斜角が小さく、小惑星帯内をほぼ円軌道で周回する活動的な彗星というものも存在する。さらに、今現在、活動的な彗星から活動性のない小惑星に移行しつつあるような彗星も数件以上に上っている。この後者の天体は、一時的に活動的な彗星として観測されたものの、現在ではほとんど（もしくはすべて）の時間において活動的ではない小惑星になっている。こうした移行天体は、小惑星と彗星の2通りの符号が付けられており、(4015) ウィルソン‐ハリントン、(7968) エルスト・ピサロ、(18401) リニア、(60558) エケクルス、(2005 U1) リード、そして (2008 R1) ギャラッドなどが含まれる。同じく二重符号を持つ (2060) キロンは、活動的な彗星に移行しつつあるセントール天体なのかもしれない。

　混乱するかもしれないが、彗星のP/2010 A2について見てみよう。この彗星は2010年1月6日にリニア・スカイ・サーベイによって発見された。小惑星帯の中の太陽側部分に見つかったもので、彗星としての活動が認められたことから彗星として区分され、小惑星帯にある彗星の一例かと思われた。しかし、コマの部分は塵だけでガス成分がなかったのである。UCLA（カリフォルニア大学ロサンゼルス校）のデイヴィッド・ジューイットがハッブル宇宙望遠鏡を使って、2010年1月29日から5月29日まで観測したところ、エックス字形のフィラメント構造の端に核があるという、奇妙な塵のコマをとらえたのである。通常の彗星では塵とガスから成るコマの中に核が含まれているが、この天体の場合、二つの小惑星が1年前に衝突した結果と現在考えられている。衝突された小惑星に、彗星として間違った符号を付けてしまったことになり、彗星か小惑星かの区別はいっそう慎重に行なわなければならない。

■まとめ

　活動的な彗星には、氷（ほとんどが水が凍ったもの）がいくぶん多く含まれ、脆いケイ酸質の塵粒子も含まれている。核の表面では氷成分が昇華し、その後には、不揮発性物質が壊れやすい状態となって残る。これが脆い大規模な構造となり、太陽に繰り返し近づく彗星の寿命を短くするため、数十回以上も太陽を周回するのはむずかしいと思われる。彗星は氷を失っていき、やがて次々に

第6章 小惑星と彗星の実体に迫る

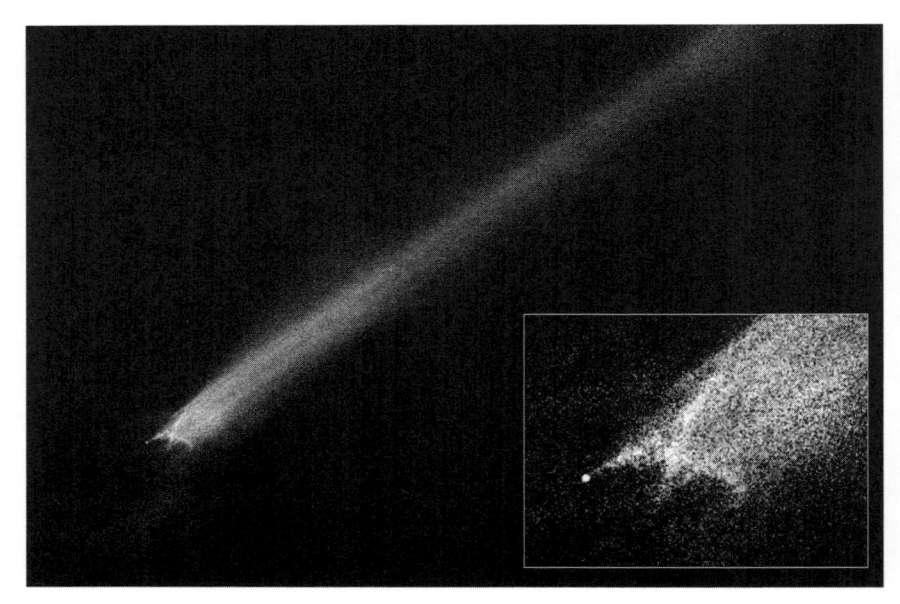

図6.9 彗星 P/2010 A2 は二つの小惑星が小惑星帯内の（火星軌道寄りの）内側部分で衝突した結果である。衝突での最大破片は、エックス字形の塵フィラメントのまさに端に位置している。ハッブル宇宙望遠鏡の「広視野カメラ3」が2010年1月29日にとらえた画像である。(Courtesy of NASA, European Space Agency, and D. Jewwitt (University of California, Los Angeles))

分裂し、ついには完全に分解して塵の雲と化する。一部の彗星では、活動性のない脆い天体となり、小惑星の仲間入りをするケースもある。

小惑星には、もともと壊れやすい彗星だったというものもあるが、大部分は（マチルドやイトカワのような）小惑星同士の衝突から生じた破砕破片の寄り集まり、ラブルパイルか、（エロス、ガスプラ、イーダのような）激しい衝突を受けた岩の塊、あるいは鉄・ニッケルの塊である。小惑星には、水和鉱物の形で水資源を含んでいるものも存在する。

1960年代、ドナルドダックやアンクル・スクルージ・マクダックが、小惑星にさまざまな形のものがあり、衛星を持つものもあること、多くが瓦礫の寄せ集めのようなゆるい構造になっていることなど先見性のある「観測」をしていた。しかし、彼らはアンクル・スクルージの莫大な財産を隠す安全な貯蔵庫としての小惑星を探していただけなのだ。彼らが気づかなかったことだが、鉱物、金属、水資源など、小惑星そのものが莫大な財産貯蔵庫なのだ。

第7章
太陽系の天然資源と人類による太陽系探査

探査と呼べるものはすべて人による探査である。

■地球接近天体を探査する意味は？

　知的好奇心以外に、地球接近天体を探査し研究する理由はなんだろうか。これらの天体は太陽系始源天体と呼ばれ、太陽系誕生からあまり変化を受けていない天体と見られ、当時の重要な手がかりを提供してくれると考えられている。もし、46億年前の太陽系誕生時のさまざまな物質の組成や熱的な環境について知りたいとすれば、地球接近天体やそれらから生まれたとされる隕石の組成が、その手がかりを与えてくれるはずだ。そうした太陽系誕生の条件についての手がかりがあれば、太陽系の現在への理解が不十分でも、誕生から現在までを説明する論理的太陽系進化モデルが構築できる（第3章を参照）。

　地球接近天体を研究する一つの意味は、どうやって地球上に生命を構成する材料が運び込まれたかというメカニズムの理解である。地球は熱い天体として生まれ、多量の水の供給も有機物の供給もなかった。いったん地球が冷えると、地球接近天体がこれらの物質の多くを初期の地球にもたらしたらしい（第4章を参照）。

　太陽系誕生時の状況や、初期の地球で生命発生の元になった水や有機物がどのようにして地球上に運び込まれたのかというメカニズム研究する重要性に加えて、地球接近天体と地球との衝突には、地球と地球上の複雑な生命体が壊滅的打撃を受ける可能性を秘めている。6500万年前に恐竜たちを絶滅に追いやったような大型の地球接近天体が地球に衝突する可能性はきわめて小さいが、

警戒を怠るべきではない。地球接近天体が地球を見つけるよりも早く、我々がそれらの天体を発見しなければならない。地球接近天体による衝突で地球がこうむる被害については第8章で見ることになる。地球接近天体との衝突は自然災害であり、早めに見つけることができれば避けることが可能になる（第9章、第10章を参照）。

　本章では、地球接近天体を調査、探査する意義について、さらに次の2点を考えてみたい。

　1. 採鉱：地球接近天体の中には、非常に高価で地球上に比較的少ない鉱物に富むものがある。さらに、将来、地球周回軌道や地球周辺の宇宙空間に構築される構造物や住居には、すでに宇宙にある資源の利用が望ましい。やがて、地球接近小惑星からの採鉱が新たな宇宙産業の中核を占めるようになるだろう。

　2. 人類による探査：火星とその二つの衛星を、月を越えた究極の有人探査の目標とするなら、はるかに到達しやすい地球接近天体は、有人探査が困難な火星へ向かっての技術的さきがけとなるだろう。地球接近天体は、火星有人探査へのステップとして有効な存在といえる。

■地球接近天体の採鉱

　地球接近小惑星の採鉱は、重要な貴金属が地球上には不足しており、一方、地球接近小惑星には比較的多いことから関心が持たれている。地球ができていった当時、重い金属（鉄やニッケルのほか、とくにプラチナ、パラジウム、ロジウムのようなプラチナグループ金属）のほとんどは地球深部に沈んでいってしまった。

　こうして、地球上部の地殻には、金属が比較的少ない状況になっている。純度の高さ、高温での安定性、そしてきわめて腐食しにくいことからプラチナは、回路の構成要素、宝石加工、そして車の排気清浄用触媒コンバーターといったさまざまな工業分野で利用されている。プラチナの市場価格は金より高いのが常で、それは希少であることと金よりも利用価値が高いためである[1]。プラチナグループ金属は、地球に含まれている量の1%にはるか満たない量だけが地殻にあり、これを私たちは利用することができる。さらにその70%以上が南

アフリカのブッシュフェルド複合岩体にあり、ここでは地殻に垂直に開いた長い亀裂を通じてマントルからの融けた岩が地表へともたらされている。こうした比較的良好な火成岩には、プラチナグループ金属が10ppm、すなわち1トン当たり10gほどが含まれる。隕石の調査からの推定で、小惑星には、その10倍、100ppmものプラチナグループ金属の集中があるものが存在すると考えられている。

　ほとんど鉄・ニッケルでできている小惑星もあるが、地球軌道周辺では岩石質小惑星の方が一般的である。岩石質小惑星はその中に粒子として散在する形で20％におよぶ金属成分を持っている。さらに、金属の塊の小惑星から金属を採鉱するよりも、岩石質小惑星の表面から岩石を砕いて金属を取り出す方が容易である。たとえば、直径1kmの岩石質地球接近小惑星では、平均密度が2.5g/cm^{3}で、20％が金属でできておりプラチナが100ppm含まれているとする。この小惑星には2万6000トンものプラチナがあり、プラチナの価格が1g当たり60ドルとすれば、この小惑星の価値はプラチナだけで1兆6千億ドルということになる。この天体に含まれる鉄とニッケルの市場価値でさらに3兆9千億ドルの追加となる。1kmサイズの地球接近小惑星には、人類史上地球上で採掘された以上の貴金属が含まれている。

　地球接近小惑星の貴金属採鉱は、そうした資源回復や地球に持ってくることの採算性がとれれば意味を持ってくる。しかし、宇宙での採鉱を行なうためには、かなりのインフラ整備が必要である。採鉱設備を設置するための打ち上げコストだけでも膨大な金額になる。1kgの物体を低軌道（高度約300km）に上げる現在の打ち上げコストはざっと1万ドルである。小惑星に持っていくとなるとさらに費用はかさむ。ところが、地球の貴金属資源を使い果たし、いっぽう、打ち上げコストの低減が進み、1kg当たり千ドル以下になると、小惑星から貴金属を持ってくることが経済的な意味を持ってくる[2]。

　今後数十年間、地球近傍空間に構造物やロケット補給所を建設するため、地球接近小惑星から採鉱を行なうのは、そうした貴金属を地球に持ってくるよりも経済的に見合う事業になるかもしれない。近い将来、宇宙旅行や地球周回ホテルが定着し、地球周回軌道上に太陽エネルギー集光ミラーが置かれエネルギーをマイクロ波で地上に届けるようになると、地球接近天体資源の経済性が一層注目されるようになるだろう[3]。それら天体の金属は採鉱後、処理がなされ、構造物建設のために使われるようになるだろう。地球接近小惑星には、含水鉱

物、すなわち粘土を含むものがあり、その鉱石を処理して水を得ることができるだろう。水は生命の維持に不可欠であるだけでなく、生命にダメージを与える高速荷電粒子（ほとんど陽子）である宇宙放射線を遮蔽するためにも有効である。水というと、電気分解によって水素と酸素に分けることができるが、これらは最も効率的なロケット燃料である。来たるべき地球近傍宇宙の商業化の中で、地球周回軌道上に設けられた水と燃料の貯蔵所から、ロケット貨物船への補給が行なわれるだろう。地球接近天体はいつしか、惑星間探査のための燃料スタンド、水補給所となるかもしれないのだ。

　人類による探査というものは、知識の追求だけで行なわれるものではなく、商業的な利益の追求のためでもある。コロンブスが、インドへ短期間で行ける貿易航路を見つけようとしてアメリカ大陸を発見したとよくいわれるように、やがて会社や株主による地球周回軌道上・地球近傍宇宙の資本主義が、地球接近天体の探査を牽引することになるかもしれない[4]。

■人類による地球接近天体の探査

　地球接近天体の商業的探査がいずれ実施されるかもしれないが、短期的には地球に最も近いお隣さんであるこうした天体を使って火星に向かうことが考えられる。2010年4月15日、オバマ大統領はアメリカの宇宙開発長期計画の概要を述べた。その中には、火星有人探査への第一歩として、2025年までに地球接近小惑星を有人探査することが含まれている。火星とその衛星の有人探査を、アメリカ宇宙計画の優先目標とすれば、目標への最初のステップには、到達しやすくてそれ自体興味深い天体であることが求められ、地球接近小惑星はこれに見合う天体である。

　天体に着陸し、地球に帰還するという観点からは、一部の地球接近小惑星との往復には、月との往復よりも少ない燃料で済む。宇宙飛行計画プランナーは、地点Aから地点Bに行くのに必要な燃料を表す指標として、宇宙船の速度変化量（ΔV）というものをよく使用する。地球の表面にもし宇宙船があったとすると、〔空気抵抗は無視して〕11.2km/sの速度を与えてやれば、完全に地球の重力を振り切って宇宙へ飛び出す。そのため、11.2km/sを地球脱出速度と呼んでいる。高度約300kmの地球周回軌道に達するには8.0km/sあればよく、さらにその地球低軌道（LEO）から3.2km/sだけ増速すれば地球の重力から

脱出することができる。LEOから月面までなら、約6.3km/s増速すればよい。一方、LEOから秒速約5.5km以下の増速で行ける地球接近小惑星がある。着陸し、地球へ帰還することで月面よりも有利な点は、月面の重力は百メートルサイズの地球接近小惑星の4万7000倍もあることである。地球接近小惑星への着陸・離陸では大きく燃料消費を抑えることができる。月面よりも地球接近小惑星の表面物質の方が金属含有率が数百倍も高い場合があり、月からよりも地球接近小惑星から金属を採鉱する方が現実的である。

　往復には月までなら1週間半で済み、地球接近小惑星なら半年以内で済むところが、火星となると2年以上はかかってしまう[5]。地球接近小惑星の短期有人探査は、もっと難度の高い火星往復飛行に向けてのきわめて重要な経験となるだろう。百メートルサイズの天体では脱出速度が6cm/sしかない。そうした微弱な重力の天体表面でいかに移動するか、ということも宇宙飛行士が実地で学んでいくことになるだろう。わずかな足の動きで宇宙飛行士が空中に漂い出すため、小惑星表面での歩行はむずかしくていらいらするほどだろう。宇宙飛行士が小惑星をとらえ網をかける。その網につかまりながら小惑星上を歩くことができるだろうか。くいを打ち込むか、ある種のエポキシ接着材を使って、手摺を取り付けられるかどうか。宇宙服に、足の動きのための用意がなにか必要かどうか。宇宙飛行士が出くわす放射線環境はどのようなものか。何ヵ月もの間、互いに接近した状態で生活することに問題がないかどうか。こうした問題は、地球接近小惑星の有人探査で直面する内容である。

　地球接近小惑星の有人探査では、火星への長期飛行に必要な、水の再利用システムがテストされるだろう。水は宇宙飛行士の健康に必要なだけでなく、水素が豊富に含まれていることもあり、宇宙線や太陽プロトンイベント（宇宙飛行士の体内組織に深刻なダメージを与える恐れがある）への優れたシールドになる[6]。乗員区画を包むような水の配置は、価値ある生命維持シールドとなり、同時に飲料用や衛生上の水資源となる。

　地球接近小惑星の有人探査が実施される前に、少なくとも1度はロボット探査機によるその小惑星へのランデブーが行なわれ、表面の地形に危険な個所がないかどうかの確認がされるほか、小惑星のサイズ、形状、密度、構造、自転特性（自転周期や自転軸の方向など）、そして化学組成が確定されるだろう。ロボット探査機は、小惑星に衛星があるかどうかや、小惑星表面の塵や表面物質についても調査を行なう。有人探査における大きな問題の一つは、小惑星の

第7章　太陽系の天然資源と人類による太陽系探査

図7.1　地球接近小惑星に取り付けた安全索につかまる宇宙飛行士。（NASA artist）

　表面を塵が覆っている可能性である。ロボット探査機は表面の塵を乱し、静電気を帯びた塵が機体に付くかもしれない。宇宙服やヘルメットの顔の部分に塵がどの程度付くのか、精巧な機器や宇宙服の関節部に塵が悪さをしないかどうか。小惑星を探査する宇宙飛行士は、たちまちピッグペン（漫画「ピーナッツ」で埃まみれの登場人物。チャーリー・ブラウンの仲間）そっくりになってしまうのか。ロボット探査機は小惑星で標本を採取し研究用に地球に回収するほか、塵環境についてもテストを行なうだろう。
　続いて行なわれる有人探査の科学上の目標の一つに、表面サンプルを採取し地球の研究所でじっくりと調べる、ということがあげられる。地球上にあるような有機物や水はあるのか？　初期の地球に小惑星が衝突し、生命を形作る物質をもたらしたのか？　土壌にどの程度貴金属が含まれているのか？　土壌の何パーセントが水の資源になるか？　小惑星の構造を調べておけば、同じ種類の別の小惑星が地球衝突コースにあった場合に役立つだろう。地球接近小惑星に宇宙飛行士を送り込めば、サンプル採取や小惑星の物理特性を求める上で、

大いに質の向上が望める。また、小惑星表面の支圧・剪断耐力についても、貫通性や熱伝導率の測定を通じて明らかになるだろう。また、宇宙飛行士ならば、表面地形の調査を進める一方で、予期しない状況や期待していないかったチャンスにもただちに対応できる。

　地球接近小惑星の有人探査では、太陽系や生命の起源に光を当てるだけではなく、鉱物や金属の含有量を明らかにし、さらに、地球を脅かす天体が見つかった場合、その軌道を宇宙機で変えるための情報を提供することだろう。しかしながら、地球接近天体を有人探査する主な目的は、長期となる火星有人探査に必要な懸案を調べ、手順をテストすることである。小惑星面上のさまざまな移動方法や含水鉱物・宇宙飛行士の排出物からの水の抽出方法、船室を囲む水タンクなどの放射線遮蔽の有効性などをテストすることになるだろう。加えて、地球接近天体への飛行には、長期となる火星飛行のためのガイドラインが適用されることになるだろう。無重量状態の下、地球も遠くただの青い点となるなか、衛生状態の維持やプライバシー確保も容易でないという状況では、乗員の筋力維持や心理状態に関するガイドラインが必要になるのである。

　有人飛行に関わる問題点は避けて通れない。40年余のブランクの後、再び他天体への有人飛行に挑戦することがきわめて重要となる。その科学的、商業的理由は明らかだが、より一層注目すべきなのは、天体や人類自らによる大惨事から人類という種を存続させるには、地球以外の天体に自立した人類社会を築くことが必要だということである。

第8章
地球への脅威としての地球接近天体

大きな小惑星が地球に衝突したら、どのようなことが起こるのだろうか？ ハンマーやら実験用カエルやらを使ったリアルなシミュレーションから見て、相当まずいことになるようだ。

――デイヴ・バリー

■激しく雨が降る

　地球接近天体の物質100トン以上が毎日地球上に降り注いでいる。幸い、そのほとんどが塵や小石程度の大きさのため、大気圏を突入して地上に達することはない[1]。小さな破片ほど、レンガにハンマーで打撃を与えたときのように数が増える。地球接近天体は数百万年もの間に、他の小惑星との衝突を繰り返していき、小さな破片を多数発生させていった。たとえば、直径1km以上の地球接近天体が約1000個存在すると考えられているが、30m以上の地球接近天体となると、100万個以上存在することになる。
　毎日、地球に雨のごとく降り注いでいる惑星間の塵や砂粒程度の粒子の多くは無害な流星となり、私たちを楽しませてくれる。ときには、彗星（場合によっては小惑星）から放れる塵の群れに地球が突っ込んでいくことがある。そのような際に見られる現象が流星群や流星雨、流星嵐と呼ばれるものである。年間を通じての有名な流星群には、ペルセウス座流星群、しし座流星群、そしてふたご座流星群があり、それぞれの出現時期は8月、11月、12月である[1]。これらの塵を放出している彗星は、スイフト－タットル彗星（ペルセウス座流星群）、テンペル－タットル彗星（しし座流星群）、そして小惑星（3200）ファエトン（ふたご座流星群）である。
　地球接近天体で最小のものが、こうした圧倒的多数の塵で、きわめて頻繁に地球大気に突入するが、被害をもたらすような大きなものとなると頻度的にぐ

っと少なくなる。そうした物体の大多数は石質で、直径約30m以下のものは一般的に地上への大きな被害をもたらさないものの、火球と呼ばれる印象的な大流星となる。30〜100mサイズの石質天体は通常地球表面に達しないと見られているが、空中で爆発しその爆風が地上に被害をもたらすことがあり得る。約100mを超すものになると、通常は地上にまで達するが、地球上表面の約70％が海であるため、海に落下する可能性が高い。

■大気圏突入、分解、爆風

平均的な地球接近小惑星の場合、地球大気圏に突入する場合の典型的な速度は、約17km/sである。高度約100kmで地球大気からの抵抗が影響し始める。大気の抵抗が増大していき、天体前方の気圧が後方の気圧を上回るようになり、天体がパンケーキのように圧縮される。このプロセスで進行方向に対して垂直方向のサイズが大きくなり、大気からの抵抗が一層受けやすくなる。この圧力で天体は分解し始める。その破片も、もともとの天体同様、大気抵抗で高温になり[2]、物質の一部が高熱で気化し除かれていく（アブレーションと呼ばれるプロセス）。その際、気化した物体は熱を奪っていくため、地上に達した小惑星の小破片である隕石はそれほど熱くはなっていない。隕石が赤熱した状態で地上に落下したり、火事を引き起こすようなことはない[2]。アブレーションで熱を奪うという同じプロセスが、地球大気圏に再突入する宇宙機を熱から守るヒートシールドでも使われている。こうしたヒートシールドでは、アブレーターという物質自らが、赤熱した外側の層を失っていくことで大気圏突入中のカプセルが高温にならないようにしている。

大気抵抗が十分大きくなると、空気からの圧力が小惑星の物質の強度を上回ることになる。すると小惑星は分解し、その力学的エネルギーが比較的小さな体積の空気にたまる。この空気は強く熱せられ、急速に膨張し、空中爆発を起こす。空中爆発から生じた強烈な爆風では、急激な圧力パルスに続いて相当な風がやってくる。空中爆発では、同じエネルギーを持つ物体が地上に衝突した場合以上に地上に被害をもたらす。爆弾が地上に衝突してからではなく空中で爆発するよう設計されているのはそのためである。たとえば、1メガトン（TNT火薬100万トン）のエネルギーにあたる爆発では、地面で爆発させるよりも地上1kmで爆発させる方が地上への被害は2倍以上になる。地球接近小惑星が

地球大気に突入する直前のエネルギーは、最終的に空中爆発するか地上衝突する際のエネルギーよりも通常はかなり大きい。最初持っていたエネルギーの多くが、地上にいたるまでの大気への加熱や分裂で失われてしまう。

■地上への衝突

　地球接近天体が十分な大きさならば、大気圏を通過し地上に到達するが、その過程でいくつもの破壊的効果が表れる。空中爆発地点、すなわち爆心地では、強風、熱線、地震動に見舞われる。衝突天体が最大級の場合、こうした局地的影響よりも世界規模の被害が甚大になる。すなわち、衝突による高温の放出物がいったん大気圏から出て再び再突入するが、それにより火災が発生する。また、衝突による大気中に巻き上げられた塵や煤、そして酸性雨が世界中に被害をもたらす。オゾン層の破壊や大気の透明度低下も問題になろう。結果として、光合成にも影響が及び、「小惑星による冬」が発生する。

　小惑星衝突時のエネルギーの一部は、爆風と地震動に変換される。しかし、ほとんどのエネルギーは、熱とクレーターからの物質の放出に変わってしまう。衝突クレーターの直径は衝突天体の直径のざっと10〜15倍である。衝突時の衝撃はすさまじく、衝突した天体はもちろん、その質量の2、3倍におよぶ地球側の物質も蒸発してしまうほどである。陸地に衝突した場合には、蒸発や液化するよりもはるかに多くの物質が粉砕されることになる。

　数キロメートル以上の大きさの天体が衝突すると、災害は世界規模となり、大気・地表そのものが短期間に熱せられる。そのあとには、長期にわたる寒く暗い天候が続くようになる。衝突で放出された物質の多くが、いったん大気圏外に放出され、大気抵抗もほとんど受けずに飛行し、再び大気圏へ再突入して高熱で発光する。大気を加熱し、世界規模の火災が発生する。これにより大量の煤が生み出され、衝突時放出物の塵と相まって大気の透明度は何週間にもわたって低下する。太陽光が相当量遮断されるため、光合成ができず植物やそれを食する生き物は生存できなくなる。

■海洋への衝突

　地球表面の3分の2以上が海で覆われているため、天体は海に衝突する可能

性が高い。もし天体の直径が、落下した海の深さの約6％以上あれば、海底にはクレーターができ、水蒸気と地殻物質が大気圏外に巻き上げられる。

　大型天体が海に衝突する場合、最も脅威なのは津波かもしれない。衝突地点から遠く離れた沿岸地域に相当な被害をもたらす。海洋への衝突では、沿岸部を押し流す津波発生の危険性を常に考えなければならない。沿岸部には人口の多くが密集しており、人命やインフラへの被害は、天体衝突の被害全体から見て不釣り合いなほどの規模のダメージとなりうる。衝突による津波被害は、衝突地点から沿岸地域までの距離、爆心地点の海底深度、そして沿岸部地形によって変わってくる。津波の高さがおよそ海底深度に等しくなると波が砕け、津波のエネルギーは失われる。津波が沿岸に達する前、大陸棚で波が砕けることがなかったら最も被害は大きくなる。住民がいる沿岸地域に、前もって津波到達予報が伝えられていれば避難ができる。浅い沿岸部の津波の速度は約32km/h以上にはならないので、警報さえ出てくれれば、自転車で遠くまで逃げ切ることができかもしれないが、沿岸部のインフラは重大なダメージを受ける可能性がある。

　約100m以上の天体なら大気圏突入で破壊されず、一つの塊として衝突し、津波を起こす可能性がある。それにしても、衝突による津波発生については、理解が進んでいるとはいいがたい状況である。この分野ではある程度の研究がなされているにすぎず、地質学的記録においても、天体衝突による津波発生頻度を示す証拠は見つかっていない。1960年代に行なわれた実験では、合衆国沿岸付近の敵潜水艦を排除するため、沿岸水域で核兵器が使われた場合の津波の効果が調べられた。その結果、このような衝撃で発生した波は、大陸棚のような相当遠い沖合で砕けてしまい、兵器として使えないことがわかった。さらに、海洋にできたクレーターからの津波では、プレート運動が誘発する地震の津波に比べ、波長が相当短いため、波の減衰が速くなりそうである。大陸棚がない、あっても小規模なものしかない沿岸部では、衝突による津波被害は大きくなる可能性がある。とはいっても、衝突時のエネルギーが海洋の波のエネルギーとどのように関連していくのか、津波が洋上をどのように伝わり沿岸に達するかについては、まだまだ研究の余地がかなり残されている。

　表8.1には、さまざまなサイズの石質地球接近小惑星について見積もった概算データが示されている。天体の各サイズに対して、大気圏突入時のエネルギーをTNT火薬に換算して、トン、キロトン、メガトンの単位で示してある。

また、大気圏を通過し地表に達する場合、堆積岩にできるクレーター直径の値と、その規模の衝突が起こる時間間隔も示されている[3]。表8.1作成において設けた仮定というのは、石質小惑星の平均密度を2.6g/cm^{3}とし、地球大気に突入したときの平均速度を17km/s、突入時の地平線に対する角度を最もありえそうな値として45度としていることである。頑丈な構造で密な小惑星ほど、また突入時の角度が急であるほど、穿つ深さも深くなる。脆弱な構造で密度が小さいほど、また、突入角度が浅いほど、高い高度で爆発するようになる。

　小さな衝突天体の場合には、大気圏通過中、分裂や蒸発によって質量の多くを失ってしまう。表8.1と同じ仮定でいえば、1m、10m、30mの天体の場合でそれぞれ、高度約50km、30km、20kmで爆発するだろう。大気抵抗によって速度は次第に減速し、終端速度になる。たとえば、表8.1の天体では、いずれも17km/sで大気に突入しているが、1m、10m、30m、100m天体それぞれの終端速度（爆発前）は、約16、13、9、5km/sとなる。サイズが大きなものほど、空中爆発ではなく地表に達する可能性が高まる。

　表8.1での最大の天体では直径が10kmであり、6500万年前、恐竜が絶滅したときの衝突天体と同じ程度の大きさとなっている。ところが、地球軌道に接近する危険な小惑星として現在最大のものが（4179）トータティスであり、その全長は4.6kmである。恐竜の絶滅は、小惑星が異常に大きかったか、遠いオールト雲からやってきた大型の彗星が衝突した結果だったのかもしれない。

　表8.1の最小サイズ付近の、バスケットボールサイズ以上のものが毎日のように大気圏に突入し、見事な天文現象である火球[3]を引き起こす。しかしながら、こうした現象のほとんどが気づかれることもなく、住人など誰もいない海の上で、あるいは大部分の人が眠っている時間帯に発生している。それでも、アメリカ国防総省の人工衛星が軌道上から地球を見下ろし、赤外線・可視光センサーがそうした火球を確実にキャッチしている。ミサイル発射や核爆発を探知するためのものだが、少なくとも2、3日に1個以上の火球を観測している。フォルクスワーゲン（乗用車）サイズの衝突体の大気圏突入なら、1年に2、3回は起こっているだろう。これまでも、重大な火球、衝突事件がいくつか起こってきた。1972年8月10日のグランドティートン火球、1994年2月1日の大火球、2007年9月15日のカランカス衝突体、1908年6月30日のツングースカ空中爆発事件、そして3500万年前のチェサピーク湾事件などである。

表8.1　サイズ別の平均的な衝突結果

衝突天体の 直径[1]	衝突天体の 総数[2]	典型的な 衝突エネルギー[3]	衝突頻度 （間隔）	クレーター直径
1m	10 億	47（8）トン	2 週間	できない
10m	1000 万	47（19）キロトン	10 年	できない
30m	130 万	1.3（0.9）メガトン	200 年	できない
100m	20500 ～ 36000	47（4）メガトン	5200 年	1.2km
140m	13000 ～ 20000	129（49）メガトン	1 万 3000 年	2.2km
500m	2400 ～ 3300	5870（5610）メガトン	13 万年	7.4km
1km	980 ～ 1000	47000（46300）メガトン	44 万年	13.6km
10km	4	4700 万メガトン	8900 万年	104km

(1)　岩石質の地球接近小惑星で、大気圏突入前のエネルギーを半分以上保った状態で地表に達する最小直径は約160m。（衝突にかぎらず）地表にかなりの被害をもたらす最小直径は30 ～ 50mで、1908年6月のツングースカ衝突体のサイズがだいたいこの範囲に入る。
(2)　地球接近小惑星（NEA）の総数の見積もりは、とくに小さなものではかなり不確かである。直径がそれぞれ約100m、140m、500m、1kmでは、少なめの見積もりはNEOWISEの赤外観測に基づいており、多めの見積もりは光学観測データに基づいている。
(3)　このエネルギー値は、大気中で失われたエネルギーに、空中爆発や地表への衝突で放出されたエネルギーを加えた全エネルギーである。それぞれのサイズにおいて、カッコ内の値は、空中爆発、もしくは地表への衝突だけのエネルギーである。たとえば、直径140mの場合、全衝突エネルギーはTNT火薬129メガトン相当で、そのうちの80メガトンは大気圏通過中に分解や高熱のため失われるため、地表にまで達するのは49メガトンとなる。

■重大な火球と衝突事件

◎ 1972 年 8 月 10 日、グランドティートン火球事件

　1972年8月10日の昼間、小さな火球天体（たぶん直径3m）がユタ州からアイダホ州、モンタナ州、さらにカナダにいたる広い範囲で、南から北に向かうところが目撃された。よく、グランドティートン火球事件と呼ばれるのは、多くの人がワイオミングのグランドティートン山など眺めの良いティートン連峰の上にこれを目撃したからであった。地球大気にかなり浅い角度で突入し、地球の重力につかまるよりも速く移動していたため、この地球接近小惑星は地上約60kmまで突入したあと、再び宇宙空間に出て行った。質量の一部を失い、速度もやや減速したであろうが、ほかにはほとんど影響を受けずに宇宙空間へ去っていったのである。

◎ 1994年2月1日の大火球

　南太平洋上で、1994年2月1日、人工衛星から観測された巨大な火球があった。当時、客船のデッキに出ていたら、太陽と見まがうかのような火球の落下を目撃したことだろう。このときの火球の全エネルギーは、国防総省の赤外線センサーによる測定では、約60キロトンだったという。表8.1を用いてもともとの大きさを調べると、10m以上あったことが推測された。これほどの規模の現象は平均して10年に1度の頻度である。

◎ 2007年9月15日のカランカス事件

　小さな小惑星の落下によって、ペルーのボリビア国境近く、チチカカ湖にも近いカランカス村付近に直径14m近いクレーターができた。その衝突は現地時間11時45分に起こった。爆発音は20km遠方でも聞かれ、爆心地から1km離れた医療センターでは窓ガラスが破壊された。衝突直後、村民の何人かが数日間病気になった。硫黄分を含む地下水の毒性が原因だった可能性がある。クレーターに浸み込んだ地下水が衝突のエネルギーで熱せられ泡立つようなことがあったのかもしれない。1mサイズの隕石ではこのような落下はありえそうな話ではある。もっと大きな天体が壊れ分裂したものだという報告はないのだが、クレーターから200m離れた場所で5cmほどの小さな普通コンドライトの破片が複数見つかっている。もしも、実際にこの小さな物体は個々に大気圏を通過してきたとすると、異常に頑丈な物体であるのか、あるいは長細い形状で先端部から大気圏に突入した、ということになってしまう。

◎ツングースカ事件

　1908年6月30日、現地時間7時17分、尋常ならぬ爆風を伴う空中爆発が、ロシア、シベリアのツングースカ地方上空で発生した。爆心地から数キロメートルの範囲の木々は焼き尽くされ、蝶の羽のような形の2200km²という面積にわたって木々がなぎ倒された。目撃者によって、地球接近天体が飛来した時刻や方角が異なるが、地磁気の乱れは900km南東のイルクーツクでも記録さ

図8.1 ペルー、カランカスの衝突クレーター。直径は約14m。1mサイズの小さな小惑星が2007年9月15日に衝突してできたものらしい。(Courtesy of Peter H. Schultz, Brown Universiry)

図8.2 1908年6月30日早朝の時間帯、小惑星が地球大気圏に突入。その爆風で2200km^{2}におよぶ数百万本という木々がなぎ倒された。幸いこの地域は人口がきわめて疎らで、けが人は報告されていない。

れた。さらに、タシュケント、トビリシ、イエナにおいても記録された。4000kmも離れたサンクトペテルブルクの地震観測所も震動を観測し、世界各地のさらに遠方の観測所でも同様だった。リヒタースケールでマグニチュード5.0に達する震動がユーラシア大陸中の地震計で観測されている。ツングース

カ事件当日と2、3日間、ヨーロッパ北部では大気中の大量の塵に太陽光が反射して夜になっても明るい空であった。真夜中でも新聞が読めるほどだったという。地上の被害は広範囲に及んだが、明らかにクレーターとわかるものは見つからなかった。あまりに人里離れた遠方、奥地であったため、ロシア人科学者 L. A. クーリック率いる調査隊が現地に入ることができたのは1927年の春になってからだった[4]。

　ツングースカ事件の原因として最もありえそうなのは、直径40mほどの小さな小惑星が地球大気圏に突入し、5メガトンというエネルギーを放つ爆風を上空で発生させたというものである。マーク・ボスローらによる最近の研究以前は、地上核実験と地上の被害に基づく見積もりから、爆風のエネルギーは10〜15メガトンと考えられていた。ところが、ボスローらの詳しいコンピューターシミュレーションでわかったことは、爆風が特定の高さにある「点」から広がっていったのではなく、高速で下方に突き進んでいったため、地上にはいっそう猛烈な爆風が達していたことになる。

　40mサイズの小惑星は数百年に一度地球に衝突しているらしい。したがって、ツングースカ事件のような出来事がその100年以上前に起こっていても不思議ではない。ツングースカ事件の原因についてはほかにも諸説がある。その中には、ありそうにないものからくだらないものまであり、彗星衝突説、ミニブラックホール衝突説、反物質衝突説、異星人の宇宙船落下説、そして、はくちょう座61番星付近から高度な宇宙種族が発信した強力なレーザーだという説などである。数少ない現地住民が信じているのは、あの爆風はオグディという神の訪問であり、その呪いで、木々が倒され動物が死んだのだという。

◎チェサピーク湾衝突事件

　ヴァージニア州、メリーランド州のチェサピーク湾地域の住民は、この地域を暮らしやすい土地としているが、約3500万年前は暮らしやすいどころか、ここに直径3〜5kmの小惑星が衝突したのである。小惑星は（デラウェア湾とチェサピーク湾との間にある）デルマーバ半島の南端付近、ヴァージニア州チャールズ岬と現在呼ばれる付近に激突した。一連の津波を発生させた衝突で、直径約85kmのクレーターが生まれた。（イングランド植民地時代の）歴史的なウィリアムズバーグとジェームスタウンはその外縁に位置する。衝突があっ

た有力な証拠があり、この領域を掘削したコアサンプルには、とてつもない衝突の結果できた衝撃石英が見つかっている。また、年代がわかる化石を含む地層では、新しい地層の上に古い地層が重なっていたり順序が乱れていた。水と砂を含むこの古い地層（帯水層）は、塩分などで井戸水が普段使えないこの土地では、水の供給源になっている。

■忍び寄る小惑星と目立つ彗星

　何千年もの間、彗星の出現は繰り返し記録されてきたが、小惑星が初めて見つかったのは1801年のケレスのときであり、最初の地球接近小惑星が発見されたのが1898年のエロスのときであった。衝突の危険性を持つ最初の小惑星、アポロが見つかったのが1932年である。彗星が姿を現すと、太陽の近くでガスや塵を噴出しているようすが見られる。かたや、小惑星ははるかに目立たず、暗く、肉眼で見えることはめったにない[5]。

　長周期彗星（軌道周期が200年を超える彗星）がもし地球に脅威を与える軌道上にあった場合、被害を軽減するのはきわめてむずかしい。太陽系の彼方からやってくるこれらの天体がいつ現れるのか予報は不可能であり、衝突までの猶予は数年ではなく数ヵ月である。一般的には、長周期彗星は〔太陽から遠く離れているため〕活動的ではなく、木星軌道の内側に入るまでは発見がむずかしい。木星軌道から地球軌道までは9ヵ月しかかからないのである。衝突時に発生するエネルギーは衝突天体の質量、平均密度に比例し、速度の二乗にも比例する。長周期彗星の地球衝突時の典型的な速度はおよそ51km/sで、地球接近小惑星の場合の3倍であり、衝突エネルギーでは9倍も違ってくる。一方、彗星の平均密度は約0.6g/cm^{3}であり、約2.6g/cm^{3}という石質小惑星の数分の1になるため、同じサイズなら彗星の衝突エネルギーは小惑星の場合の約2倍となる[6]。

　活動的な彗星が地球に衝突する可能性は、地球接近小惑星の場合の1％未満で、その証拠もいくつか挙がっている。ズデネック・セカニナと私は、1300年から2000年の間で、軌道が信用できるすべての彗星の記録を調べた。地球からある距離以内に接近した彗星に注目し、解析した結果、長周期彗星は平均して4300万年に1度しか地球に衝突していないという結論になった。小惑星の場合とは大違いである。アラン・チェンバリンと私は、さらに別のもっと直

接的な方法で、地球に接近する彗星と小惑星の数の比率を求めてみた。1900年から2011年1月まで、既知のあらゆるサイズの地球接近小惑星2460個が、地球から0.05AU以内に接近した回数というのが、3901回であった。同じ期間内で、三つの木星族彗星（1927年6月の7P/ポンス-ヴィネケ彗星、1947年4月の1999 R1 ソーホー彗星、そして1999年6月の1999 J6 ソーホー彗星）と、長周期彗星一つ（1983年5月の 1983 H1 アイラス-荒貴-オルコック彗星）だけが地球に接近していた。ハレー彗星のようなタイプの彗星はこれほどは接近しない。したがって、地球接近小惑星と比べ、活動的な彗星すべて（木星族彗星、ハレー型彗星、長周期彗星を含む）による地球衝突の数は1％未満となる。しかしながら、衝突天体のサイズの上限で比較をすると、大型の彗星が地球に衝突する数と、大型の地球接近小惑星が地球に衝突する数は同じくらいになってくる。

■小惑星の脅威？　小惑星の何が脅威なのか？

　2003年に行なわれたNASAの研究の結論として、大規模な衝突の結果、人類は膨大な被害をこうむるため、現在行なわれている地上からの監視観測は継続すべきであるとされた。天体が発見され、その後何年もの間その天体が追跡観測され、地球に衝突しないことが判明する、というのがよくあるケースだが、もしも大型天体が地球に脅威を与えるコースを突き進んでいることがわかれば、その天体をそらすため、宇宙機の準備をする時間はあるだろう。いずれにせよ、数十年のうちにその天体の危険度は劇的に下がるだろう。進行中のNASAの地球接近天体観測プログラムはそうした天体の発見と追跡で、目覚ましい成功を収めている。

　地球接近天体監視プログラムの成功で、さらに取り組むべき事柄はいったい何なのだろうかという疑問が浮かび上がる。現在NASAの目標は、直径140m以上の地球接近天体で、地球に脅威を与える可能性があるものの90％を探し出す、ということである。そのうちの半分以下は、すでに見つかっている。現在ある望遠鏡を用いて、NASAの目標を達成するには何年も何年もかかってしまう。ここで、地球接近天体による現在の危険性を他の危険性と比較してみよう。未発見でしかも最大級の天体、というのが地球接近天体の危険性の大部分を占めている。1～2kmの天体が地球に衝突すると、約10億人の死亡が見

積もられている。このサイズの天体が地球へ衝突するのは平均して100万年に1度である。したがって、長期間の平均では、1年間当たり約1000人が死亡する計算になる。現在行なわれている地球接近天体の捜索観測から、すでに90％以上が見つかっており、そのいずれも、少なくとも今後100年間にわたり地球への脅威にならない軌道である。つまり、(100年程度の)短期間で考えれば、未発見の天体からの危険性だけを考えればよいわけで、年間平均で約100人が死亡するという数字になる。この数字は、地球接近天体が多く見つかるほど低くなる。

　表8.2のデータの多くが、2010年のアメリカ学術研究会議(NRC)報告書に掲載されたものである。同報告書には、マーク・ボスローからの少数意見もある。彼は、ニューメキシコ州アルバカーキにあるサンディア国立研究所の科学者で、表8.2のようなデータには、長期気候変動による年間15万人の死者数も入れるべきだと述べている。この見積もりは、世界保健機関(WHO)からのものである。地球接近天体の衝突による死亡者数の見積もりには、気候変動の影響予測に開発されたコンピューターモデルが主に使われているとボスローは言及している。しかし、彼の議論は報告書の本文にはない。信頼できる見積もりがなく、また、その問題を取り上げることは本題からそれる恐れがあったからである[7]。

■真夜中の無気味な物音

　今日まで、地球接近天体が直接の原因で人が死んだという記録はないが、車が壊されたり、建物が破損したりしたことはある。1992年8月にはウガンダの少年が隕石のかけらにぶつかったが、けがはなかった。古代中国の記録には、落下してきた石と鉄が住宅を破壊し人命を奪ったという報告があるそうだが、信憑性の判断がむずかしい。

　北米で隕石が人に当たったという数少ない(もしかすると唯一の)例が、1954年11月30日に起こった。3.9kgの石質隕石がアラバマ州シラコーガにある住宅の屋根を突き破りラジオに当たって跳ね返り、近くのソファーで寝ていた婦人に命中した。彼女は左腰と腕に打撲傷を負った。

　地表に落下する隕石数の見積もりから、隕石が人に当たる頻度を見積もることができる。北米では、人に当たるのは平均で180年に1回という頻度で、建

表8.2 地球接近天体の衝突による死者数を1年間当たりで平均にすると100人という見積もりになる。比較として、さまざまな事故・病気を原因とする年間死者数を世界規模で見ると以下のようになる。

原因	1年当たりの死者数見積もり
サメによる攻撃	3～7人
小惑星	91人
地震	3万6000人
マラリア	100万人
交通事故	120万人
大気汚染	200万人
HIV／AIDS	210万人
タバコ	500万人

注：年間91人の死亡という数字は、サメの攻撃による死者数より多く、花火事故の場合に匹敵するほどであるが、花火には地球上の広い範囲を灰燼に帰すような、生物を絶滅に追いやる力はない。上の表のような比較はやや誤解される心配がある。地球接近小惑星による衝突は非常に低い確率の現象だが、いったん起きてしまうと被害はきわめて甚大なものとなる。91人という数字は、小惑星の衝突によって毎年引き起こされる死亡者数という意味ではなく、非常に稀にしか起こらない大災害を、長期間にわたり平均した数字にすぎない。

物に当たる頻度は1年間に1度くらいである。北米だけでなく世界中まで入れれば、人に当たるのは平均で9年に1度、建物には1年間で16軒当たることになる。小さな小惑星は数がはるかに多いため、地球に衝突する可能性はずっと高くなるのである。しかしながら、心に留めておいてほしいのは、大型の地球接近天体が地球に衝突する確率はたいへん低いものの、いったん起きてしまえば、その結果は大災害を引き起こすということだ。文明が危うくなるときに、賭けをしている余裕はない。

第9章
地球衝突の可能性を予測する

予測はたいへんなことだ。とくに未来のこととなると。

——ヨギ・ベラ [1]

■もしもし、ホワイトハウスですか？ 小惑星が地球に向かっています

　アメリカ東部標準時2008年10月6日の朝だった。小惑星センター（MPC）の責任者であるティム・スパーは、コンピューターの出した結果に信じられないようすだった。なんと、12時間足らずのうちに、地球接近小惑星が地球に衝突するというのだ。アリゾナ州ツーソン近郊のカタリナ・スカイ・サーベイで観測を行なっているリチャード・コワルスキーが発見したのは、高速で移動する地球接近小惑星だった。観測に基づく暫定軌道から導かれた計算結果はまずまちがいなく、すぐにも地球に衝突するというものだった。スパーは直ちに、NASA本部のリンドリー・ジョンソンとジェット推進研究所（JPL）のスティーヴ・チェスリーに連絡をとり、MPCの地球接近天体確認Webページに先の軌道をアップした。このページを常時チェックしてくれている26人のアマチュアとプロの天文学者がいる。彼らの望遠鏡はすぐさま接近中の小惑星2008 TC3（仮符号が与えられた）に向けられ、新たな観測データが次々にMPCに報告された。追加された貴重なデータはJPLにも転送され、そこではスティーヴ・チェスリーが軌道の改良を行ない、地球の表面近くのどこにいつ衝突するのか、予報を改良していた。空中爆発がアフリカ北部のどこかで起きるはずだった。天体が暗いこととその距離を考えると、天体の直径がわずか数メートルしかないことは明らかで、地上に被害が及ぶとは考えにくかった。し

かし、空中爆発が起こる正確な時刻と場所の特定は、周辺住民への恐怖を和らげるだけでなく、科学者へ警報を出すためにも重要だった。貴重な隕石が多数落下する可能性があったからである。隕石からは、その母天体である小惑星の化学組成を調べることができるのだ。

　最初のデータセットを受け取ってから1時間以内には、JPLの予報が世界時10月7日2時46分（現地時間5時46分）スーダン北部上空に天体が大気圏突入を起こすことを示していた。時間がたつにつれ、さらに多くの観測データがMPCに集まり、JPLに転送された。スティーヴ・チェスリーとポール・チョウダスらは、2008 TC3の軌道を改良し続けた。更新されていく予報は天文コミュニティーとNASA本部に渡っていった。見積もられたサイズでは火球を発生させるだけで地上への被害は出ないと考えられたが、安全のため、NASA本部は、国家安全保障会議（NSC）、科学技術政策局、国務省、国土安全保障省、国防総省の国家軍事指揮センター、空軍スペースコマンドの統合スペースオペレーションセンターの各担当者にも連絡をとった。次いでNASAは、予想される衝突について一般向けのプレスリリースを発表した。衝突についての発表文面の電子メールはホワイトハウスの報道室にも送られた。それは、報道官として当時のジョージ・W. ブッシュ大統領に仕えていたダナ・ペリーノの目にとまった。彼女が見たメールの中で最も現実離れした内容だった[1]。

　予報されたまさにその時刻、夜明け前のスーダン北部上空に見事な火球が現れ、チャド上空を飛行中だったKLM航空のパイロットからも目撃された。空中爆発により、小さな隕石がヌビア砂漠中に散乱した。そのような衝突事件は世界のどこかで1年に数回起こっているはずだが、今回のものは前例がなかった。すなわち、小惑星が地球に達する前、実際に発見され、衝突地点やその時刻があらかじめ予報されていたのである。

　大気圏への突入が検出され、地上37kmでTNT火薬約1キロトンに相当する空中爆発が起こったようだった[2]。アメリカの早期警戒システムや地上2ヵ所の超低周波空振観測所、そして気象衛星メテオサット8号による撮像データなどから、予想された場所、時刻はかなり正確だったことも判明した。一部の観測データは衝突前には間に合わなかったが、十分吟味したJPLの最新軌道計算では、大気圏突入時の誤差は数キロメートル以内になっていた。

　現実の衝突について劇的な予報が展開されたことで、地球接近天体（NEO）プログラムの発見・軌道予測プロセスが成功裏に進展してきたことが明らかと

なった。4mサイズの小惑星が、月までの1.3倍の距離で発見されたのである。小惑星がまだ接近中、世界中26ヵ所の天文台が数時間のうちに観測データを送ってきた。軌道と衝突情報が算出され、発表前に内容の確認が行なわれた。発表は発見からたった20時間後であった。まだ衝突までは十分時間があった。空中爆発の高度は37kmで、その時刻、場所は予報に対し1秒、緯度・経度では10分の1度以内の正確さであった。NEO衝突警報システムは今回十分に威力を発揮し、NEOによる衝突予報第1号になった。スティーヴ・チェスリーとポール・チョウダスらが算出した地表面軌跡（天体から地表に垂線を下した地点が描く軌跡）を用いて、数ヵ月後には隕石捜索隊が組織された。カリフォルニア州SETI研究所のピーター・イェニスケンスを隊長とする捜索隊とハルトゥーム大学のムアーウィア・H. シャダッドらは、全部で約4kgにおよぶ数百個の隕石回収に成功した。小惑星の破片であるこれら隕石のほとんどが、部分的に融解した痕跡のある炭素質コンドライトから成り、ユレイライトという比較的稀有な種類の隕石であった。ほかに、もっと一般的な隕石も得られたのだが、これは意外な結果だった。というのは、小さな小惑星は中身がだいたい一様だと考えられていたからだ。物質の混合が起こったようで、もしかするとはるか昔に、ありふれたタイプの小惑星と衝突し、破片が集積してできたものかもしれない。このときの隕石は、現在アルマハータ・シッタ隕石と呼ばれており、アラビア語でステーション・シックスを意味する。これは、スーダン北部の隕石回収場所の近く、辺境の地の鉄道の駅でそこにはトラック用ドライブインや茶屋もある。

■軌道決定のプロセス

　軌道決定のプロセスは、通常、天体発見時のわずか数件の観測から始まる。1801年に小惑星発見第1号となったケレスのときに使われ成功した「ガウスの方法」というのが、暫定的な軌道決定法の例である。いったん暫定軌道が求まれば、その後の観測が次々と軌道の改良に使われる。軌道から計算された天体の位置と、実際に観測された位置とが比較される。軌道のパラメーターを調整していき、観測された位置が、軌道からの計算で再現されるようにしていく。観測位置と、対応する計算位置の違い（残差という）が最小になるようにして、軌道が改良されていく。夜間の光学観測に基づく初期の軌道が求まると、もし

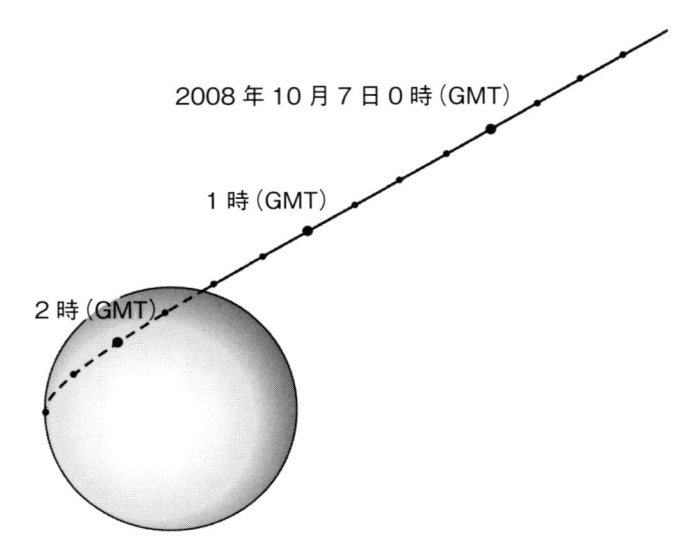

第 9 章　地球衝突の可能性を予測する

図9.1　小惑星　2008 TC3 の地球衝突コース。太陽方向から見た図（読者の背後方向に太陽）。2008 年 10 月 7 日 1 時 49 分（GMT（グリニッジ平均時）、日本時間 10 時 49 分）頃、同小惑星は地球の影に入った。(破線部分)

　可能ならばレーダー観測も軌道の改良に使われ、劇的に軌道の精度が上がる。初期軌道は、特定の瞬時である元期において有効な六つの軌道要素で示される。これら初期条件から出発し、近くの惑星、主要小惑星の一部、月などからのわずかな重力を、また、彗星ではガス放出によるわずかな反動、小さな小惑星ではヤーコフスキー効果（小惑星表面からの熱放射によるわずかな軌道変化）も考慮して、過去へ未来へと天体の軌道運動を追跡することができる。

　軌道計算からは、特定時刻の最も確からしい位置（あるいはノミナルな位置）を求めることができるだけで、その位置周囲の「誤差楕円面」と呼ばれる範囲を含む領域内に実際の天体が入ると考えられる。天体の最も確からしい位置（ノミナルな位置）はフットボール形の中心にあり、確からしさは低くなるものの許容範囲にあるのがフットボールのような楕円面の内側の場所である。中心（あるいはノミナルな位置）からはずれるほど、不確かさは大きくなっていく。天体の動きを将来に向かって追跡していくほど、位置の不確かさが通常増大していく[3]。太陽を周回する公転運動を考えた場合、フットボール型の誤差楕円面は時とともに伸びていく。もし誤差楕円面がある時点で地球に触れるようなことがあれば、地球へ衝突する可能性が除外できないことになる。衝突確率がゼ

ロではなくなるということである[2]。地球（現実には地球中心）を通り、接近する天体の進行方向に垂直な平面（地球の標的平面という）を考えてみよう。この平面上に、立体である誤差楕円面を投影したものが誤差楕円である。そのうち、地球によって覆われる面積を、誤差楕円の全面積で割ったものが、衝突確率である。もしも、誤差楕円全体が完全に地球上に投影される場合には、衝突確率は1、あるいは100％となる。（助かる）望みはない。しかし、光学観測やレーダー観測がさらに行なわれていくと、地球接近天体の軌道がより一層正確に求められるようになっていく。それに伴い、地球接近天体の確からしい位置を囲む「不確かな領域」も次第に小さくなっていく。小さくなったその領域に、地球が接触することはおそらくなくなるだろう。こうして、最近発見された地球接近天体の場合には、衝突確率がゼロではないものがあったにせよ、観測が次々に行なわれていくと、衝突確率が下がっていき、ついにゼロになるのが一般的である。ここで重要なことは、地球にとって脅威となりそうな天体には、追跡観測が必要だということである。

■NASAの地球接近天体プログラム室

　1998年7月、NASAは地球接近天体（NEO）プログラム室をジェット推進研究所（JPL）内に設立した。NEOの発見や将来の動きにかかわる監視、そして地球への接近を計算し、もし必要ならば衝突確率も求める。翌年3月には、JPLのNEOプログラム室はウェブサイトを開設し、地球接近天体の軌道データ、位置予報、物理データのほか、今後の接近データについても提供することになった[3]。

　JPLのNEOプログラム室では、小惑星センター（MPC）から天体位置の測定データや暫定軌道データを受信し、それらの軌道の改良を行なうとともに地球接近予報を行なっている。観測データによくあてはまるような軌道が新たに求まると、天体の軌道運動を100年後まで数値積分して地球に接近するかどうかが調べられる。JPLの軌道計算では、最先端の計算モデルが採用されており、惑星からの重力の影響だけでなく、月、大型の小惑星からの重力、相対論的効果、天体からの熱放射（ヤーコフスキー効果）やガス放出の影響までもが考慮されている。これら最新の軌道や接近データは自動的に計算され、ただちにNEOプログラム室ウェブページにアップされる。地球への衝突の可能性がま

第9章　地球衝突の可能性を予測する

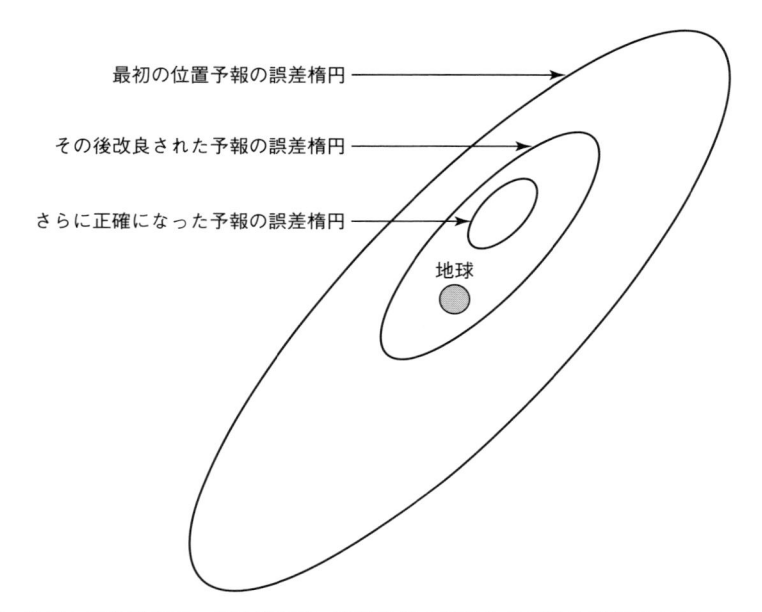

図9.2　地球の標的平面図。地球接近時、天体位置の不確かさが誤差楕円面で示されている。天体進行方向に垂直な平面上に、誤差楕円面を投影したものが誤差楕円。誤差楕円に地球の捕獲断面が触れる場合には、地球に衝突する可能性が生じる。初期軌道の不確かさが、将来の地球接近時の位置を予報する際の不確かさとなる。初期軌道による誤差楕円は比較的大きいので地球が含まれてしまうことがあり、衝突しないとは言い切れないことがある。しかしながら、観測がさらに行なわれ、軌道の改良が進むと、将来位置の精度が向上していく。地球接近時の誤差楕円は縮小していき、ほとんどの場合、軌道改良によって、地球衝突の可能性は完全に排除される。

だ除外できない天体については、自動的にセントリーシステムに送られ、詳しい解析にかけられる。

　セントリーでは、可能性を持つ将来軌道が調べられ、日付を特定し地球への衝突確率が計算される。これらの結果はただちにJPLのNEOウェブサイトに掲載される。こうした一連の手順がとられないただ一つの例外は、天体がわりと大きく、地球への衝突確率が比較的高く、セントリーシステムで発見されてから衝突まで時間的猶予があまりない場合である。こうした場合には、電子メールがNEOプログラム室に送られ、ウェブサイトに上げる前に確認作業が行なわれる。手動によるこの確認プロセスには、ピサの同業者らに結果の比較をするため、メールで連絡をとることや、これらの結果をNASA本部に伝えることも含まれている。JPLでは再確認も行なわれる。それは、観測された天体

の位置をきちんと再現できる、わずかに異なる数千もの軌道を設定し、一つ一つの軌道運動を数値積分で進め、地球衝突時まで追跡していくということで、このいわゆるモンテカルロ法では、似た軌道のうち、いくつが地球に衝突するかによって地球衝突確率が厳密に求められる。この徹底的なモンテカルロ計算プロセスによって、結論を素早く出すセントリーシステムの結果を立証することができる。

　ときには、新たに発見された小型の地球接近天体が人工物体であったという例もある。アポロ8号、9号、10号、11号、12号のS-IVBロケットブースターはいずれも、地球軌道の内側で太陽のまわりを回っている。同様の軌道で小さな地球接近天体もあり、最近発見された天体が前回地球に接近したのがアポロの打ち上げ時なのかどうか、ポール・チョウダスは一度ならず調査を頼まれることになった。2002年9月3日、天文学者のビル・ヤングが発見した小さな地球接近小惑星は、一時的に地球を回る軌道に乗っていたことがわかり、チョウダスがその動きを調べ、2003年6月には太陽を回る軌道に戻るようだとわかった。どうもアポロ12号打ち上げに使われたサターンV型ロケットの第三段目ではないかということになり、この天体のスペクトル観測をしてみると、サターンロケットに使われた二酸化チタンの塗料に一致したのである。

■長期にわたる地球接近予報

　JPLのセントリーシステムとピサのNEODySシステムが、現在から約100年先まで地球接近天体の軌道を追跡する。一般に時間的な隔たりが大きくなると、予想される軌道の不確かさも大きくなっていくが、とくにその天体が今後惑星に接近するような場合には著しい。そうした惑星への接近によって、軌道に非常に大きな不確かさが生じることが多い。このため、惑星接近後の正確な予報が困難になってしまう。しかしながら、長期にわたる光学観測や、強力なレーダーによって軌道が高精度で求まっているような小惑星数個に対しては、100年を大きく超える長期間の軌道計算が行なわれる。地球接近小惑星1950 DAと1999 RQ36はそうした例である。

　地球接近小惑星（29075）1950 DAは、直径約1kmと見られているが、その高精度の軌道において、軌道長半径の不確かさがたったの100mほどしかない。これは1950年以降の長期にわたる光学観測データと、2001年3月に行な

われたレーダー観測の賜物である。2002年発表のジョン・ジョルジーニによる研究によると、遠い将来に地球に衝突する可能性として、2880年3月16日に起こるものがある。9世紀近い未来であるが、現在と2880年の時間差があまりに長いため、ジョルジーニと同僚らは、通常は含めないような微弱ないくつかの摂動効果も調べた。銀河系（天の川銀河）の星々からの重力、数個の小惑星からの重力、太陽が球形からわずかに扁平にずれていることによる効果、時間とともに太陽質量がわずかに減少していく効果、惑星質量の不確かさ、そして計算プロセスそのものから起こる不確かさ、といったものである。太陽風によって小惑星に働く圧力も調べられた。太陽風は太陽から出る電気を帯びた粒子の流れである。太陽からの光圧や、ヤーコフスキー効果のような小惑星表面からの熱放射も調べられた。その結果、2880年の地球への衝突確率は、ヤーコフスキー効果によって大きく変わることが判明した。つまり、小惑星の自転に関する特性（自転軸の向きや自転周期）や不明な物理特性（表面物質や形状、反射率など）に関わってくるということになる。たとえば、小惑星の自転の向きが太陽を回る公転の向きと一致していれば、軌道エネルギーは増加し、公転周期もわずかに増す。この場合、結果として、誤差楕円が地球にいっそう接近する。小惑星の反射率、質量、表面特性が正しい値であると仮定すると、結果として衝突確率は300分の1に高まることになる。それでも、最も可能性の高いシナリオとしては、2880年3月の地球衝突は大きな余裕をもって避けられることになる。

　1999年、2005年、そして2011年と、間隔をあけて実施された光学観測やレーダー観測のおかげで、地球接近小惑星（101955）1999 RQ36についてもかなり正確な軌道が求められている。現時点での不確かさは、軌道長半径でたったの数メートルである。レーダー観測から、この天体の直径が約500mであることや自転周期（しかも公転の向きとは反対）が約4.3時間であることが明らかになった。アンドレア・ミラーニやスティーヴ・チェスリーらが行なった2009年、2011年の研究によると、22世紀後半に数件、地球衝突の可能性が見つかっているが、やはりこの場合でも最も可能性が高いシナリオとしては、観測が追加されるたびに軌道の精度が高まり、余裕で地球をそれてくれることが判明する、ということだろう。それでも、注意を怠るわけにはいかない。NASAはまさにそうした任務を遂行している。

　2011年5月、NASAは、2020年に地球接近小惑星1999 RQ36にランデブー

し、表面のサンプルを採取して2023年に地球に帰還するという探査計画OSIRIS-REx（「オサイラス‐レックス」と呼ばれる）の実施を決定した。搭載機器には3台のカメラ、3台の分光器も含まれ、この暗い[4]C型小惑星についての詳細が得られるはずである。回収されたサンプルは、地上の実験室で詳しく分析され、この種の小惑星が、生命の材料となる炭素系物質や有機物を太古の地球にもたらした可能性に光を投じることになるだろう(4)。

■アポフィス：地球接近天体の典型

2029年4月13日金曜日、ローズボウル・フットボール・スタジアム全体ほどもある地球接近小惑星が、地球表面から地球半径の5倍以内を通過する。束の間、肉眼でも見えるはずで、自然界が見せる劇的な瞬間に世界中が注目することだろう。小惑星（99942）アポフィスの地球接近を伝える静止軌道上の通信衛星よりも、さらに地球寄りを通過する。

アポフィスが発見されたのは2004年6月19日であった。アリゾナ州キットピーク国立天文台にて、NASAが予算を出しているハワイ大学小惑星サーベイ計画のロイ・タッカー、デイヴィッド・ソーレン、そしてファブリツィオ・ベルナルディらによって発見され、二晩にわたり観測された。軌道を正しく求めるには観測が不足していたため、その後行方がわからなくなってしまった。ところが、12月18日、NASAが資金を出している別のプロジェクト「サイディング・スプリング・サーベイ」のゴードン・ギャラッドは、オーストラリアでこの天体を再発見した。世界中の天文台で数日間にわたり観測が行なわれ、その結果が小惑星センター（MPC）に送られた。この天体が6月に発見されたものと同一であることが確認され、しかも特別な小惑星であることがわかった。NASAの地球接近天体プログラム室のセントリーシステムによって自動的に、2029年の地球に衝突する可能性が判明したのである。NEODySも衝突の可能性を検出し、同様の予報をはじき出した。

2004年のクリスマス頃、数日間に行なわれた計算では、2029年4月13日（日本時間では14日）の衝突の可能性は37分の1まで高まっていた。この「クリスマスの不安」は2日後には払拭された。ジェフ・ラーセンとアンヌ・デクールは、スペースウォッチの過去の観測データの中に、この天体のものが含まれていることを突き止めた。こうして軌道は再計算され、正確な軌道が求まると、

2029年に地球に衝突する可能性は完全に除外されたのである。2005年1月下旬にはアレシボ天文台からレーダー観測も行なわれ、アポフィスの軌道がさらに正確に求まった。地球表面から地球半径の6倍以内を通過するが、2029年4月に地球や月に衝突することはない。2029年の地球接近によって、アポフィスの軌道は大きく変化する。接近後、地球から離れるにしたがって軌道の持つ不確かさがどんどん拡大していくため、その後の位置予報の精度は大きく低下してしまう。当初、2034年、2035年、そして2036年にも地球に衝突する可能性があったが、観測が加わることによる軌道改良で2034年と2035年の衝突の可能性はなくなった。

　2029年、2034年、そして2035年の地球への衝突は除外されたのだが、2036年の衝突の可能性はまだ残っている。2029年にアポフィスが地球に接近してその軌道が変わり、太陽を6周した後、2036年4月13日（イースターサンデー）に地球に衝突する可能性がある。2036年に衝突するかどうかは、2029年の地球接近時に、610mサイズの宇宙空間をアポフィスが通過するかどうかにかかっている。もし、そこを通ることになれば、地球の重力によって正確に7年後の2036年に地球に衝突するようにアポフィスの軌道が変わってしまうのだ。衝突コースへと導かれるこの小さな宇宙空間領域を、ポール・チョウダスはキー・ホール（鍵穴）と呼んでいる。2036年の地球衝突というありそうにない事件が現実化してしまうという注目の「鍵穴」である。2036年の地球衝突を避けるため、2029年の地球接近に先だって探査機を差し向け、アポフィスの軌道をそらそうとしても、地球半径分（6378km）すらそらすことはできないのだが、地球衝突を避けるには、地球半径の1万分の1以下の距離だけアポフィスを移動させればよい。それだけ移動させれば、610mの鍵穴からちょうど出てしまうからだ。セントリーとNEODySシステムが同定した衝突の可能性のあるほとんどすべての場合と同様、アポフィスの場合も、観測が加わることにより軌道改良が進んで不確定な余地が減り、2036年の衝突の可能性がなくなるのはまずまちがいない。

■宇宙の不意打ち：未発見天体による予期せぬ衝突

　小惑星2011 CQ1は、カタリナ・スカイ・サーベイによって2011年2月4日に発見された。14時間後の2月4日世界時19時39分（アメリカ東部標準

宇宙の不意打ち：未発見天体による予期せぬ衝突

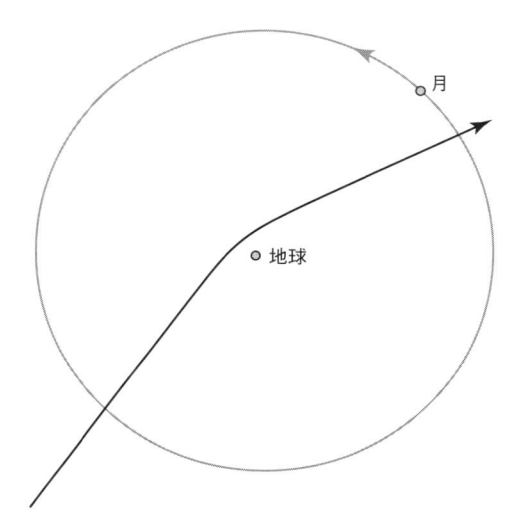

図9.3 小惑星（99942）アポフィスの2029年4月13日（日本時間14日）の接近。最も確からしいコースが示されている。誤差楕円は地球の捕獲断面に触れていないため、2029年に地球に衝突することはない。

時14時39分）に地球接近の記録を残した。太平洋中央海域上空、地球半径0.85倍以内（5480km）を通過した。1mほどの直径で、小惑星カタログにある衝突せずに接近通過した天体では、最も近くを通過したものとなった。その接近の前までは、この天体はアポロ型小惑星の軌道でそのほとんどが地球軌道の外側にあったが、接近後はアテン型小惑星の軌道になり、軌道のほとんどが地球の内側となった。

　この地球接近によって、同小惑星の飛行コースは68度も曲げられた。小さなサイズのため、この種の天体は発見がきわめてむずかしい。このサイズ以上の天体は、地球軌道近くに10億個も存在すると見られ、地球大気圏に突入する頻度は平均して数週間に1度と考えられている。大気圏に突入すると、人目を引くほどの火球となるが、破片が地表に達することはめったにない。

　直径が約30m以内の地球接近小惑星はほとんどが、地上に大きな被害をもたらすことはない。しかし、30m以上となると、その数は100万個以上に上り、総数の1％もまだ発見されていないのである。これまでNASAは、もっと大きな天体を発見することに焦点を合わせてきた。広域的な、世界規模の被害を及ぼす天体だ。しかし、地上に被害が及ぶような地球接近小惑星の大多数がま

第9章 地球衝突の可能性を予測する

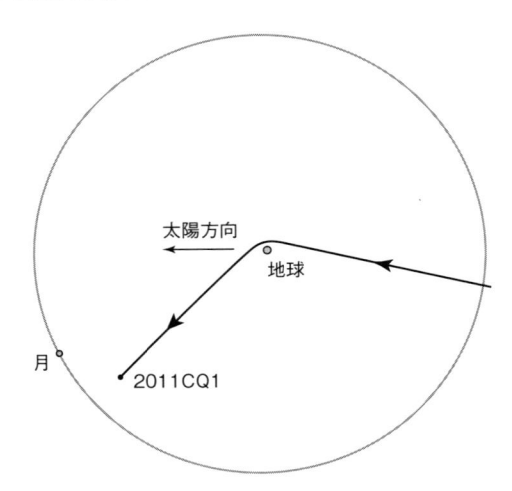

図9.4 地球接近小惑星 2011 CQ1（1mサイズの小惑星）は、2011年2月4日に　地球表面から地球半径の0.85倍以内を通過。地球の重力で通過コースが68度も曲げられた。

だ未発見なのである。2008 TC3のように、数メートルサイズというはるかに多数の地球接近天体の衝突予測は、思いがけず隕石入手につながることもある。コストをかけず能率的に多くの地球接近天体を探し出すには、広視野望遠鏡を用い、観測できる全天を一晩に数回カバーする方法がある。この種の監視方法は、地球接近天体を探し出す次世代システムになるかもしれない。

　地球を脅かすような地球接近天体のコースをそらすためには、予測される衝突に対し、十分余裕をもって事前に発見することが必要である。というのは、軌道をそらそうとする準備には数年かかることが予想されるからである。発見と追跡観測の努力は、我々によって命名されたその天体からの被害を軽減する上できわめて重要である。天体が我々を見つけるよりもはるか前に、我々が天体を見つけるのである。地球接近天体から地球を防衛するのに重要なことが三つある。一つ、天体を早く見つけよ。二つ、天体を早く見つけよ。そして……三つ、天体を早く見つけよ。

第 10 章
脅威となる地球接近天体をそらす

小惑星や彗星による災害というのは、銀河系の惑星住民にとって共通の問題である。したがって、そうした知性ある者たちは、政治的統一を図り自分たちの惑星から抜け出し、周辺の小さな世界を動かすことが必要になる。我々同様、彼らの最終選択は、宇宙飛行をとるか絶滅かだ。

——カール・セーガン『ペイル・ブルー・ドット』（日本語版『惑星へ』）

　発見された地球接近小惑星がかなりの大きさで、しかも地球に向かっているという想像を絶する事態を考えてみよう。ただし、予想される衝突までは十分な時間があるとする。衝突コースをどのようにしてそらすか、さまざまな選択肢が考えられる。
　科学マニアの方々は、小惑星のコースをそらす新たな方法を思い浮かべるかもしれない。小惑星表面にロケットエンジンを設置し、その噴射で小惑星を押していき地球衝突コースからそらそうというアイデアもあるかもしれない。あるいは、いわゆる「マスドライバー」を小惑星表面に設置し、推進方向とは逆向きに、表面の岩石物質をどんどん放出していくことで小さな推進力を得るという方法もある。被害の軽減を図るため、小惑星表面に設置された装置を使う方法がある。わずかな重力しか働かないごつごつとした小惑星の表面に装置を固定し、しかも、小惑星が自転しているなか、その装置を使って短時間特定の向きに推進力を加えなければならないのだ。太陽光を集める鏡やレーザー光線を発する装置を小惑星近傍で使う方法も提案されている。そのビームによって小惑星表面の物質を蒸発させ、気化した物質が小さな推進力を生むというわけである。これらの方法は技術的にかなりむずかしく、気化した物質が鏡やレーザーの光学部品を覆ってしまい、装置が十分働かなくなる恐れもある。ほかに、ファッションデザイナーが好みそうな方法もある。小惑星の表面に色彩塗装を施し、表面が太陽光に照らされたときの再放射量を調整する。ヤーコフスキー効果を利用して小惑星の軌道をわずかに変えようというものである。ファッショナブルなチャコールグレーかオフホワイトが適しているかもしれない。

第 10 章　脅威となる地球接近天体をそらす

■簡潔、単純にいけ（KISS：Keep It Simple Stupid）

　こうした選択肢は考える分には面白いかもしれないが、単純で実行可能なことに注意を向けなければならない。そうした選択肢には、ゆっくりと安全な軌道にそらしていく正確な方法や、ある程度正確さに欠けても、小惑星そのものを完全に破壊し、すべての破片を地球からそらしていく方法や、強めの推進力を持つ宇宙機を小惑星にぶつける方法、そして核爆発を使用する方法などが含まれる。後者二つについては、瞬時に小惑星を押すことで軌道が変化するか、小惑星そのものが完全に破壊され、すべての破片が地球からそれていく。地球に衝突する破片があっても、そのサイズや数は劇的に減ることになる。

◎衝突体による小惑星の軌道変更

　最も単純な方法の一つが、地球に向かってくる小惑星に重量級の衝突体をぶつけて軌道を変えてしまおうという最も実用が進んだ技術である。もし小惑星と地球が将来の同じ日時に同じ地点にやってくると予想されたら、小惑星のスピードをわずかに変化させることで、地球との会合地点への小惑星の到着時刻をわずかにずらせばいい。小さな天体への衝突には実績がある。2005 年 7 月 4 日、ディープインパクト探査機から衝突体を放出し、テンペル第 1 彗星に衝突させている。探査機本体からは衝突のようすが撮影された。テンペル第 1 彗星の核は大きさが 6km で、衝突の結果として軌道の変化がわかるほど小さな天体ではなかった。探査機の航行技術には、地球から数千万キロメートルも離れた天体に衝突体を激突させる能力が求められる。衝突時の彗星と衝突体の相対速度は、10km/s で、高速ライフルの弾丸の実に 10 倍のスピードであり、ロサンゼルスからニューヨークまで 7 分かからずに移動できる速さである。

　直径数百メートルまでの地球接近小惑星の場合なら、衝突体による激突でコースを変えることができる。たとえば、直径 200m の石質小惑星（フットボール競技場の端から端までの約 2 個分）に 5 トンの衝突体を 10km/s で激突させると、小惑星の速度は 1cm/s 以上変化する。この変化で、小惑星の軌道上の位置が 10 年間で地球半径 2 個分以上変わることになる[1]。したがって、もし 10 年後に地球に衝突する場合は、衝突体を用いて余裕でかわすことができる。

簡潔、単純にいけ（KISS：Keep It Simple Stupid）

図10.1　9P/テンペル第1彗星上で起こった衝突。2005年7月4日、ディープインパクト探査機本体から放出された衝突体が9P/テンペル第1彗星の核めがけて打ち込まれた。370kgの衝突体が彗星に対し10.3km/sのスピードで激突。衝突地点からは数千トンの氷と塵の粒子が放出され、太陽光に照らされたそのようすが近くの探査機本体から撮影された。衝突に先だつ24時間前に衝突体の切り離しが行なわれ、本体はその後軌道の修正を行ない、最接近時に彗星の核から500kmそれる軌道に移った。その後、3回の地球接近を経て、地球の重力を使った軌道変更を行なった同探査機は、探査機名をEPOXI（エポキシー）と変更し、2010年11月4日には短周期彗星であるハートレイ第2彗星に700km以内まで接近通過した。(Courtesy of NASA and University of Maryland)

　衝突時、小惑星のあるべき最も可能性の高い位置だけでなく、可能性のある位置すべてを10年間でずらす必要があるため、小惑星の軌道がきわめて正確に求められていると仮定している。

　もしも、衝突までの時間的な猶予が十分あるなら、地球に脅威となる小惑星

に重い衝突体を激突させることが、軌道を変更する最も単純で有効な方法だろう。しかしながら、この方法は正確さに欠ける。小惑星の物理特性がよくわかっていないため、組成やとくに空隙率によって小惑星に加わる力が変わってくるからである。空隙率があまりない岩石質小惑星なら、激突で小惑星クレーターから発生する物質は、衝突体が接近してきた方向に放出され、その反動で小惑星が押される。一方、空隙率が高い小惑星では、激突時の衝撃が吸収され、クレーター放出物も比較的少なく、小惑星を押す力も弱まる。もしあなたが超人的な力を持っているとして、岩を信じられないようなスピードで中空コンクリートブロックの壁に投げつけたら、スカスカの雪の吹きだまりに同じことをした場合よりも、被害を受けるだろう。どちらがとくに安全な方法だというよりも、ここでは考えかたを理解してもらいたい。小惑星の組成や空隙率を最初に知らなくては（あらかじめ知るのはむずかしいのだが）、どの程度小惑星に力を及ぼせるかがわからない。最初の打撃がうまくいかなくても、時間があればやり直しがきく。それでも、実際に必要な分だけ小惑星を移動できたかどうか確認するには、衝突体以外の宇宙機を慎重に小惑星に近づけ、周回させ、宇宙機の位置から、衝突前後の小惑星の位置を正確に割り出さなければならない。衝突体と宇宙機への電波信号、両機からの電波信号が、それらの正確な位置割り出しに使われる。ラスティ・シュワイカート（元アポロ9号の宇宙飛行士）は、地球接近小惑星問題に熱心に取り組んできた。地球に脅威となる小惑星の傍らに宇宙機を送り、衝突体が小惑星を必要な分移動させたかどうか確認させる。衝突体が小惑星をうまく移動させることができなかった場合、あるいは瞬間的な衝撃で適切でない力が働き、地球衝突へ向かう力学的な「鍵穴」に小惑星を誘導してしまった場合でも、必要とされる適切な設計になっていれば、小惑星軌道の調整を行なうことができる。そのような技術の一つが「重力トラクター」とよばれるものである。

◎ゆっくりと牽引する重力トラクター

　地球接近小惑星の軌道をゆっくりとそらしていくというこの新しい方法は、小惑星の傍らで、推進システムのある宇宙機と小惑星の間に働く重力を利用する。このアイデアは、宇宙飛行士であるエド・ルーとスタン・ラヴが2005年に発案したものだ。比較的小さな小惑星を想定したもので、小惑星に非常に近

いところにある宇宙機では、推進システムを噴かすことで小惑星に影響を及ぼさないようにする。綱引きをするように、宇宙機と小惑星の間で重力による引合いが生ずる。宇宙機からの重力牽引によって、小惑星の軌道運動を遅くしたり速くしたりすることができる。このアイデアの優れている点は、小惑星の空隙率、組成、自転に関係なく実施できることである。十分な時間があれば、重力トラクターで小惑星の軌道を変え、予想された地球への衝突を回避することができる。それでも、小惑星の質量は大きくはないとはいえ宇宙機をはるかに上回るので、小惑星に働く加速度は小さく、軌道上の位置を数キロメートル変えるだけで、何週間、何年もの間、牽引しなければならない。重力トラクターというのは、小惑星に（衝突体による激突など）打撃的な大きな力を加えた後、軌道の変化に微修正を加える場合に非常に役立つ。重力トラクターは、小惑星が地球に大きく接近する際の「力学的な鍵穴」と呼ばれる小さな空間に入らないよう、小惑星の軌道をそらすのにも役立つ。その「鍵穴」を通過してしまうと、次に地球に接近したときに地球に衝突してしまう。重力トラクター宇宙機は小惑星の傍らに留まるので、重い衝突体による激突の前後に、宇宙機のみならず、小惑星の位置や軌道も正確に（地上局から）追跡できることになる。重力トラクターは、小惑星の軌道変更の主力手段には適当ではないが、衝突体の激突で地球衝突回避の軌道修正が行なわれた後、微修正手段として有効である。と同時に、衝突体の効果を検証するのにも役立つことになる[1]。

◎核爆発：軌道をそらすのか、小惑星破壊か

　核爆弾を宇宙に運ぶことについては、ちょっと問題があり、国際的な協力体制が欠かせない。既存の技術であり達成は可能だが、核爆発を起こせば、宇宙機も小惑星も同様に爆発の影響を受け、宇宙機の大部分が打撃をこうむることになる。核爆発には二つの方式がある。カリフォルニア州リヴァモアにあるローレンス・リヴァモア放射線研究所のデイヴ・ディアボーンが研究したものだが、一つは、核爆弾を小惑星表面上空で爆発させるものである。強烈な熱で小惑星の表面物質が気化し、その気体が広がる力が一方向に小惑星を押し、軌道が変わる。核爆発であるにもかかわらず、比較的穏やかな力であり、飛ばされた表面物質が小惑星から脱出できるほどは速くならない。したがって、小惑星の分裂もまず起こらないだろう[2]。

二つ目の方式は、小惑星表面に核爆弾を埋め込み、地球に衝突する前、核爆発で小惑星を完全に破壊するということである。デイヴ・ディアボーンはどうやったら小惑星が完全に破壊できるかコンピューターシミュレーションを行なった。それによると、300キロトンの核爆発を小惑星の地下数メートルで起こせば、直径270m（アポフィス並み）の小惑星の大部分が脱出速度を超える速度20〜40km/sの破片として飛び散ることになる。破片は小惑星の軌道に沿うようにして次第に広がっていく。地球衝突数週間前に核爆発による破壊がなされていれば、地球に衝突する破片は、無傷の小惑星全質量の数パーセントにすぎない。核爆発による破壊実施は、小惑星衝突の発見が遅れ、衝突体の準備期間が足りない場合や、必要な1、2個の衝突体ではあまりにも重くなる場合に採用される選択肢かもしれない。核爆弾を使う最初の選択である、小惑星上空での爆発については、高速で素早い対応が可能である。一方、第2の選択である、小惑星に核爆弾を埋める方は、宇宙機の軌道を小惑星の軌道に合わせ、ランデヴーし、爆破装置を埋めるという作業が必要で、時間を要する。高速で動いている小惑星に対し、その表面下に爆破装置を埋め込むというのはうまくいきそうにない。現在のペネトレーター[2]技術では、約1km/s以上の速度でぶつかれば壊れてしまうからだ。したがって、小惑星上空での爆破は、小惑星の破壊よりもはるかに短時間で実行できる。

　小惑星の組成や構造をよく知らないと、宇宙機衝突による瞬発的な力を正確に見積もることがむずかしい。軌道をそらす瞬発的な力と、実際に小惑星に加わる運動量との関係についてはさらに多くの研究の余地がある。言い換えれば、加わったエネルギーが、小惑星の組成や構造にどのように影響するか、ということである。こうした種類の疑問に対しては、現在、コンピューターシミュレーションを使った研究が、ワシントン大学のケイス・ホルサプルやアルバカーキ、サンディア国立研究所のマーク・ボスロー、そしてカリフォルニア大学サンタクルーズ校のエリック・アスファウグらによって行なわれている。高速ガス銃を使った実験では、既知のエネルギーを持つ弾丸が、異なる物質にどのような影響を与えるかが調べられている。こうした実験はコンピューターシミュレーションの結果を裏付ける意味もあり、ブラウン大学のピート・シュルツやボーイング社のケヴィン・ハウセンなどの研究者らは、そうした研究を行なっている。

　ところで、1963年の部分的核実験禁止条約（PTBT）と1996年の包括的核

実験禁止条約（CTBT）いうものがここで問題になる。すなわち、原則として、宇宙空間における核爆発を禁止しているのである。しかしながら、これらの条約はまた、宇宙空間における活動がすべての国、人類の公益に役立つものとすることが謳われている。もし、核という選択が地球を脅かす天体を地球からそらすことに必要ならば、この原則は公益のために減災行動に制限を加えない法的根拠となる。また、法的規則が現実を無視した道理に合わない場合はその規則そのものが成り立たない、という基本原理もある。もし、核を使って小惑星をそらすことが地球を救う唯一の方法となれば、それを禁ずる条約は現実を無視した道理に合わないものということになる。そうであっても核の使用は、他のすべての選択肢が考慮され、それらが不適当だと判断された場合に限るだろう。

■MITの学生、1967年に世界を救う

　1967年、MIT（マサチューセッツ工科大学）の春学期が迫る頃、授業コード16.74「応用宇宙システム工学」の内容がキャンパスの掲示板で発表された。進歩的なMITの講座は非常に挑戦的だったが、これはさらに上をいくものだった。1968年6月14日に地球接近小惑星イカルスが現実に、地球に衝突するというのである[3]。MITの学生は、その衝突を防ぐ計画が求められた。衝突のエネルギーは広島型原爆を毎秒爆発させ、それを445日継続した場合に等しい、TNT火薬50万メガトンというものだった！　授業の解説文によれば、もしも衝突が回避できなければ、1億トンもの土壌や岩石が成層圏に巻き上げられるため、地上に届く太陽光が弱まり、氷河期が到来するようになるかもしれないという。これは、あくなき探究心を持つMITの学生の心に火をつけた！

　計画開始から地球衝突まで70週間の猶予を与えられた。宇宙機を送って直径640mとされたイカルスとランデブーさせるには時間がなかった。学生たちはチームに分かれ計画を練った。イカルスの衝突までの距離やその大きな質量に基づき、六つの宇宙機を打ち上げ、それぞれに100メガトン核爆弾を搭載するという方法が考え出された。それぞれの核爆弾は衝突72.9日前から爆破を開始。それぞれのタイミングにイカルス表面上で爆発させる。最後、六つ目の爆発は衝突4.9日前だ。学生たちは、爆発によってイカルスが破壊されるか衝突コースにずれが生ずると考えた。各宇宙機の打ち上げは巨大ロケット、サタ

ンⅤ型を用い、打ち上げ後には衝突回避監視衛星もそれぞれ打ち上げる[3]。爆発装置のある宇宙機の約1600km後方から爆発時の監視を行なう。学生たちはこの授業をみごとパスしたようだ。最近になってようやく再検討されたこうした課題を研究しただけでなく、彼らが達した結論のほとんどが、40年以上経った現在も通用する内容なのだから。

■危険回廊と回避のジレンマ

　小惑星が衝突するかもしれないと判明したとき、衝突が予想される場所には、たいてい不確実さが伴う。小惑星の正確な位置は完璧にはわからないものだ。最も可能性のある位置を中心に、あり得る位置がその周囲を囲む。この領域を誤差楕円体と呼んでいる。たいていは、非常に長く伸びた楕円体で、フットボールというよりも長い線と表現した方がよいくらいである。小惑星が太陽を回る公転運動の途中で、誤差楕円体が地球に重なるようなことがあれば、地球への衝突確率がゼロではなくなる。ある時点で、地球の位置に、小惑星が存在している（つまり衝突）可能性が出てくるのである。この長い誤差楕円体が地球と重なる場合、危険回廊と呼ばれるものができる。そこを通れば地球に衝突するという領域だ。誤差楕円体は通常、地球そのものよりもはるかに大きく、そのわずかな一部が地球と重なっているにすぎない。誤差楕円体は長細いので、危険回廊は非常に狭く長い線となることが多い。地球に衝突する小惑星が太平洋の只中に衝突するという予報が計算されたとしよう。もし、小惑星がわずかに早めに到着した場合、地球は地球の軌道に沿って、距離がまだ十分進んでいない。したがって、衝突地点は地球の先頭部分に近い、地球上の東方にずれる。もし逆に、小惑星がわずかに遅く到着したら、衝突地点は地球の後方側、西にずれる。小惑星のコースをそらすことで、地球上の衝突地点が変化していく。衝突回避に成功するということは、小惑星のコースをそらして、誤差楕円体が地球とまったく重ならなくなり、危険回廊が地球表面からなくなることである。誰にとっても衝突の確率がゼロになり、世界が安堵する。

　だが、衝突回避の組織的活動が始まったものの、地球衝突の可能性が払拭されないうちに、技術的な問題で暗礁に乗り上げることも考えられる。その結果、予想される衝突地点が地球上のある地域から別の地域（場合によってはアメリカから中国へ？）に移るということもありうる。これは「回避ジレンマ」と呼

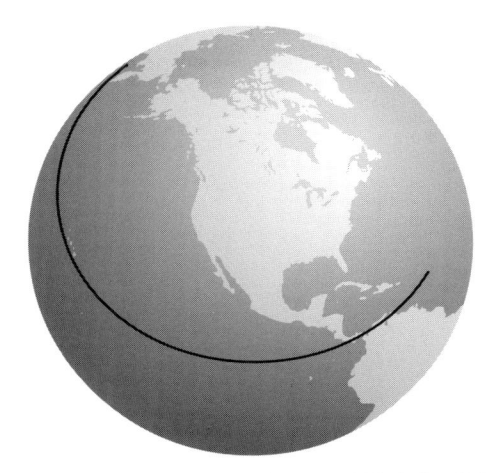

図10.2 地球接近小惑星のいわゆる「危険回廊」の例。将来地球に衝突する可能性がある小惑星の軌道の位置には、非常に細長く伸びた誤差楕円体が存在する。これが地球表面に投影されたとき、地球表面にできるのが「危険回廊」と呼ばれる細長い領域である。ほとんど地球を一周しており、もし小惑星が地球に衝突すると、この危険回廊のどこかに衝突することになる。

ばれているもので、小惑星衝突問題が深刻な社会政治上の問題を引き起こすことになる。これは技術的問題に劣らず込み入った問題である。かなりの大きさの小惑星が地球に衝突する可能性が指摘された時点で、回避行動をとるにはどれくらいの衝突確率が必要だろうか？[4] 誰がその値を決定するのか？ 適切な回避作戦とは？ 誰がそれを遂行するのか？ 失敗した場合の責任は誰が取るのか？ 明らかに国際的な合意や、回避作戦を行なうにあたっての条件があらかじめ整備されていなければならない。

■担当するのは？

　小惑星の脅威は国際的な問題であり、国際的な回答が求められる。国連の宇宙空間平和利用委員会（COPUOS）の科学技術委員会内で、社会政治上の問題が議論されている。完成には程遠いが、国際的に承認を得る行動計画の準備が目標で、小惑星の深刻な脅威が現実化する前に必要となるものである。おそらく、一部の宇宙開発国が協力し合い回避作戦を遂行するようになるだろう。

第 10 章　脅威となる地球接近天体をそらす

■最も起こりそうな衝突シナリオ

　小さな地球接近天体ほど、数が多くなる。そして、石質天体でおよそ直径 30m 以上あれば地上に被害をもたらす。したがって、被害が出るような衝突事件で最もありそうなのが、直径約 30m の天体による衝突である。地球軌道周辺にこのサイズの天体は 100 万個以上存在すると見られ、平均すれば、数百年に一度地球に衝突することになる。しかし、こうした天体の軌道は正確に求まっているわけではないため、危険が迫ってきているようでも、結局は不正確な「小惑星衝突脅威警報」が数百年に一度以上の頻度で出ることになるだろう。現在、この大きさの天体はそのサイズから、発見が非常にむずかしい。総数の 1% 以下しか見つかっていないのが現実である。大口径広視野の捜天望遠鏡で、一夜に数回も全天の観測ができるといったシステムがあれば、こうしたサイズの天体が見つかる確率が高まり、衝突数週間以上前の発見が可能になるだろう。それでも、被害が出る小惑星衝突で、最も起こりそうなシナリオは、発見されないまま警報もないまま接近してくるようなケースである。つまり、小惑星の脅威を軽減するには、市民レベルでの防衛策も重要になってくる。危険回廊から避難することや、場合によってはシェルターへ避難することがごく普通の対処だろう。しかしながら、こうした小さな比較的頻度の高い衝突天体は、世界規模の被害を与える大型のものに比べ被害地域は限定される。大型の天体が地球に衝突することはきわめて稀であるが、きわめて長期間で考えた場合、地球生命の存在を脅かしてきたのはそうした大型の天体であった。

■地球に衝突する小惑星が発見されたら、どこに連絡する？

　地球接近小惑星の発見と追跡に必要な技術は、十分なレベルまで開発されている。少なくとも、十分な時間があれば小惑星をそらすことができるような技術プランがある。NASA の組織内部では、脅威となる確かな天体が見つかった場合に誰に連絡をするかという連絡先のガイドラインがある。残念ながら、国際的には問題が目白押しである。全人類の代表として行動する組織をどうするか、国際調整の問題、予算の問題、どこが実行に移すのか、市民防衛計画に数カ国にまたがるような広域避難まで組み込めるのか、などだ。

■まとめ

　科学や、生命の起源と発展、そして自然災害から地球を守るという観点から、地球接近小惑星・彗星の重要性を本書では強調してきたつもりである。地球接近天体は、太陽系初期に起こった惑星形成から取り残された残存天体ともいうべきもので、太陽系では最も変化を受けてこなかった天体である。このため、小惑星や彗星を調べれば、太陽系が誕生した46億年前の太陽系の熱的環境や化学組成について手がかりが得られる。地球ができて、こうした天体が雨あられと降り注ぎ、生命の構成材料となる有機物や水が地球表面に注がれることになった。いったん生命が誕生してからは、たまに地球に衝突する大型の小惑星や彗星によって生命が壊滅状態に置かれ、進化に歯止めがかかる。最も生存に適したものだけが生き残り進化を続けることになる。食物連鎖の頂点にある私たち人類の生存は、これら天体にかかっているといえるかもしれない。鉱物、金属、水資源に富む地球接近天体は、やがて惑星間住居建設の原材料になり、その水資源は生命維持に使われるだけでなく、水素と酸素に分解されてロケット燃料にも使われるだろう。地球接近天体はいつしか、惑星間の燃料補給ステーションや水補給所になることだろう。皮肉にも、到達しやすく採鉱しやすい天体は、やがては地球に衝突する可能性が高い天体でもある。我々の壊れやすい文明が崩壊、破壊される可能性がある。早くそうした天体を見つけ、それらを追跡し、既知の天体でないことを確認する。こうした天体は我々の未来にきわめて重要な役割を持つ一方で、衝突前に見つけることができなければ、我々の未来そのものがなくなってしまうかもしれないのだ。

　地球接近天体は、太陽系の小さな天体の一員であるが、その小柄なサイズに似合わず重要な存在である。人類の発展と未来に果たすその役割は、太陽に次ぐほどになるだろう。

訳者あとがき
小惑星 2012 DA14 とチェリャビンスク隕石

　地球接近天体といっても、日常生活とはあまりかかわりのない宇宙の話と思っていた人も多いのではないでしょうか。しかし、そんな考えを払拭する事件が二つ、2013年2月15～16日にかけての約16時間に立て続けに起こりました。

　スペイン南部、アンダルシア地方の山中にあるラ・サグラ天文台は、スペインのアマチュア天文家が運用する施設です。口径45cm望遠鏡を駆使し、地球接近天体の観測が精力的に行なわれています。2012年2月22日の夜、彼らが発見した小惑星2012 DA14は、地球と似た軌道で太陽を回っていることがわかりました。

　その明るさから推定された大きさは直径45mほど。質量は13万トン程度と見られました。45mといいますと、小学校の運動場に納まるくらいですが、この小惑星が、翌年2013年2月16日、日本時間4時25分頃、地球上空約2万7700kmまで接近することが軌道計算の結果わかったのです。静止衛星が地球の赤道上約3万5800kmですから、その4分の3の高さを通過するのです。

　このサイズの小惑星がこれほど接近すると予報されたのは初めてのことでした。発見時も地球の比較的近くに来ていたため、比較的明るくなり（といっても19等ですが）見つかったわけですが、ざっと50万個と推定されるこのサイズの小惑星の99％以上が未発見なのです。今回、運よく地球に衝突することはありませんでしたが、もし衝突した場合、爆発のエネルギーはメガトン級で、本文に登場した1908年6月30日のシベリア、ツングースカ地方で起こった爆発と同規模になります。ツングースカでは、約2000km^{2}の森林が爆風でなぎ倒されたそうですが、この面積は東京都の面積とほぼ同じです。

　2012 DA14は接近時、地球を回る人工衛星があまり分布していない領域を南から北へ通過するため、人工衛星と衝突する心配もほとんどありませんでし

訳者あとがき

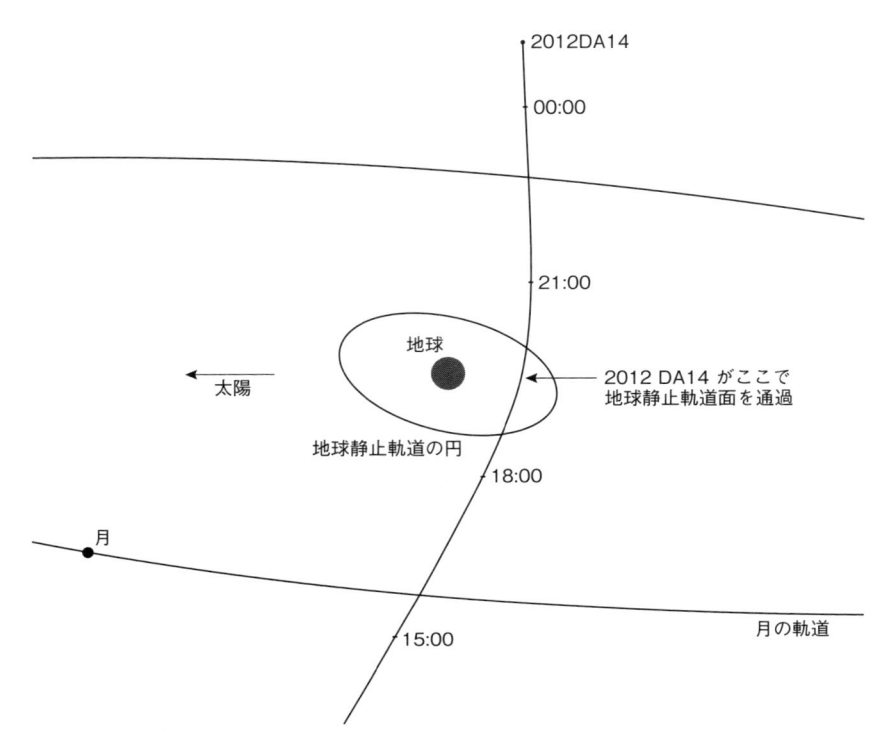

図A.1 小惑星 2012 DA14 の地球接近。日付・時刻は世界時（9 時間を加えると日本時）中心の地球のまわりにある円が静止軌道で、外側の円が月の軌道。太陽は左方向にある。(NASA/JPL による図を改変)

た（図 A.1）。このきわめて稀な機会をとらえようと、世界中の研究者やアマチュア天文家らが着々と準備を進めていました。地球への接近時が近づくと、2012 DA14 は地球の重力の影響を強く受け、その軌道はしだいに変わっていきました。接近通過の前には太陽を回る公転周期が約 366 日であったのが、接近後には 317 日に変わり、小惑星の軌道上の分類がアポロ型からアテン型に変わってしまうほどでした。

　接近時、明るさが 9 等以上となる日本時間 2013 年 2 月 16 日 3 時から 6 時半までに、2012 DA14 が夜間の空に見られる国々は、アジア、アフリカ、ヨーロッパ方面であり、最接近時には約 7.8km/s の速度でインドネシア付近上空を通過しました。逆に、2012 DA14 から見た地球は、腕をのばしたときの拳 2 個分くらい（約 20°）の大きさになっていたはずです。

小惑星 2012 DA14 とチェリャビンスク隕石

図A.2 国立天文台三鷹構内から撮影された小惑星 2012 DA14 の通過(明るい線)。そのほかに人工衛星が細い線としていくつも写っている。(© 国立天文台)

　地球の中心に対してではなく、日本に最も接近していたのは 4 時 33 分頃で(距離は約 3 万 km)、このとき日本から見た 2012 DA14 は、コップ座としし座の境界付近で明るさは 7 等級でした。肉眼では無理ですが、双眼鏡で見える明るさで、しかも、1 分間に満月 2 個分も北へ移動していくということで、星空を背景に小惑星が疾走していくようすを観測された方もいらっしゃることでしょう(図 A.2)。本書の筆者であるドナルド・ヨーマンズによると、このような小惑星は平均して 40 年に 1 度くらい地球に接近し、約 1200 年に 1 度地球に衝突するということです。

　2012 DA14 の地球接近だけでも注目すべき事件でしたが、それに先立つ 16 時間前にはさらに驚くべき事件が発生していました。おかげで、2012 DA14 の地球接近のニュースがかすんでしまったほどです。2 月 15 日の朝を迎えたロシアの西南部、南ウラル地方の重工業都市チェリャビンスクの市民は信じがたい光景を眼にすることになりました。
　ロシア東部、シベリア上空に、直径 17m、質量 7000 トンほどの小惑星が突如現れたのです。西に向かって約 19km/s の速度で飛行する物体は、水平面か

145

ら約 18°という浅い角度で大気圏に突入していきました。前面の大気を急激に圧縮・加熱することで生じる高温プラズマが光り輝き、大火球となったのです。高温にさらされ表面物質が気化していきますが、たちまち冷やされ微粒子となり、突入経路に沿うような隕石雲を成層圏に発生させました。

現地時間 9 時 20 分 30 秒（日本時間 12 時 20 分 30 秒）頃、100 万都市であるチェリャビンスク市近くの上空約 30km で、大気の圧力に抗しきれず分裂した小惑星は、表面積が増えたことで大気のブレーキ効果が急増し、熱せられた空気は膨張し爆発を起こしました。一時的に、太陽の 30 倍以上も明るく輝き、その光で目を傷めた人や紫外線による皮膚の炎症も報告されました。熱を感じたという人も多数あります。

無数の破片が隕石として周辺にばらまかれ、チェリャビンスクから西に約 70km 離れたチェバルクリ湖からは、2013 年 10 月 16 日、ついに 600kg ほどの大きな塊が引き上げられました。隕石破片によるけが人はありませんでしたが、爆発による衝撃波（爆風）は音速で地上に達し、チェリャビンスク市では、大火球の閃光から 2 分半も遅れてガラス窓が破壊されるなどの被害が出たのです。

何が起こったのかと外のようすを確かめようと窓際にいた人も多かったことでしょう。幸いなことに死亡した人はいませんでしたが、主にガラスの破片により 1600 人以上が負傷し、7320 棟の建物（6097 のアパート・住宅、740 の学校・大学施設、296 の病院などを含む）に被害が出ました。ほとんどの負傷者は、爆発地点直下から半径 45km の範囲にいたわけですから、被害地域の広がりは 90km に及びます（ちなみに東京駅から富士山頂までが約 100km）。いかに広範囲に被害が出たかがわかります。ガラス破損の被害は南北 180km、東西 80km の範囲に及びました。

大気圏突入による超低周波の圧力波は、核実験の監視を行なっている包括的核実験禁止条約機構（CTBTO）の空振観測所 45 のうち南極を含む 17 の観測所によって観測されました。この種のものでは、これまでに観測された最大級の記録となり、そのデータから、小惑星の持つエネルギーは TNT 火薬に換算しておよそ 600 キロトンと見積もられました。広島型原爆の 40 倍というエネルギーです（他の方法による見積もりでも 500 ± 100 キロトン程度）。

チェリャビンスク隕石落下に関する研究では、監視カメラのほか、多くの車載カメラの映像が役立ち、貴重なデータを提供しました。交通事故時の保険に

小惑星 2012 DA14 とチェリャビンスク隕石

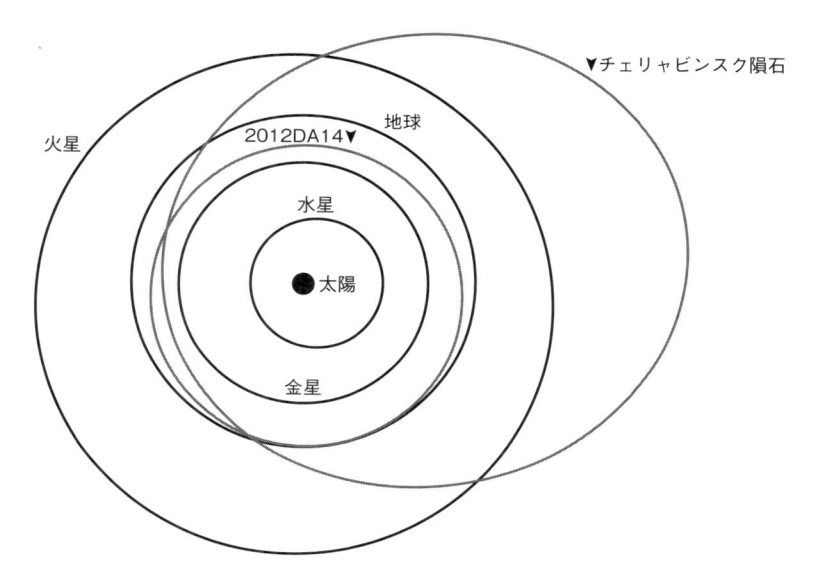

図A.3 小惑星 2012 DA14 とチェリャビンスク隕石の軌道。(NASA/JPL)

備え、車載カメラが広く使われていたわけですが、意外なところで太陽系の科学に多大な貢献をすることになりました。回収された隕石の同位体比組成などから、チェリャビンスク隕石は LL タイプのコンドライト隕石であることがわかりました。小惑星イトカワから「はやぶさ」によってもたらされた微粒子と同じ種類の隕石です。

多数の車載カメラの映像分析から、チェリャビンスク隕石が地球に衝突する前の軌道が求められました。たいへんよく似た軌道の小惑星（登録番号 86039、直径約 2km、固有名はまだ付けられていない）があり、他の小惑星との衝突で生じた破片の一つがチェリャビンスク隕石となったのかもしれません。相次ぐ二つの天体の地球接近から、この二つの天体は何か関係があるのではと思われた方もいるようですが、軌道が異なりまったくの偶然です（図 A.3）。

地球接近天体の存在をまざまざと見せつけられた二つの事件でしたが、さらにもう一つの偶然が重なっていました。ちょうどその頃、オーストリアのウィーンでは、国連宇宙空間平和利用委員会（COPUOS：コーパス）の第 50 回科学技術小委員会が 2 月 11 日から 22 日の日程で開催されていました。そこでは、

訳者あとがき

地球接近天体の脅威に国連としてどう対処していくかについても議論になっていたのです（COPUOS で地球接近天体対策を議論するアクションチームは 2001 年に発足）。その会期中にチェリャビンスクのニュースが入り、参加者を驚かせたそうです。

同委員会でまとまった提言には、国際小惑星警報ネットワーク（IAWN: International Asteroid Warning Network）を作り観測の推進と情報の共有化をはかることとともに、衝突の危険が生じた場合、被害予測を行ない関係各国政府と協力し被害軽減をはかること、また、小惑星の軌道を変える方策を検討する宇宙ミッション計画助言グループ（SMPAG〔セイムページ（same page）と発音〕：Space Mission Planning Advisory Group）を設けることがまとめられました。12 月の国連総会で承認されています[1]。

あまりにも奇遇な、連続して起こった二つの小惑星の接近は、"人類よ目を覚ませ"というモーニングコール、いや警報となりました。国連も動き出しています。今後、接近天体の観測活動がいっそう活発化していくでしょう。日本では、日本スペースガード協会が岡山県井原市美星町にある美星スペースガードセンターにおいて地球接近天体の観測を行なっています（図 A.4）。

日本スペースガード協会は、地球接近天体の発見と監視、そしてこれらの天体の研究促進と啓発普及を目的として、大学や研究所の研究者を中心に 1996 年に設立されました。各国のスペースガード観測チームとも連携して活動しており、各地で公開講演会やシンポジウムなども開催して、一般の方との情報交流にも力をいれています。日本スペースガード協会は、チェリャビンスク隕石落下直後に、小惑星衝突情報センター構想と、直径 10m 以上の地球接近小惑星観測システム構築についての緊急声明を出しています[2]。

本書は小惑星 2012 DA14 の接近とチェリャビンスク隕石落下が起こるわずか 3 ヵ月前、2012 年 11 月にアメリカで出版された *Near-Earth Objects: Finding Them Before They Find Us*（Princeton University Press, 2012）の日本語版です。著者は、アメリカのジェット推進研究所で長年にわたり、彗星や小惑星、流星群の軌道力学分野で研究を行なってきたドナルド・K. ヨーマンズです。

訳者が初めてヨーマンズの名を知ったのは、1986 年のハレー彗星接近に向

小惑星 2012 DA14 とチェリャビンスク隕石

図A.4 美星スペースガードセンター。口径 1m の大型光学望遠鏡などにより、地球接近小惑星や高度 36,000km の静止軌道近傍のスペースデブリを観測している。(提供：日本スペースガード協会)

けて 1981 年に JPL から出された解説書 *The Comet Halley handbook : an observer's guide* の著者としてでした（第 2 版をオンラインで読むことができます[3]）。彼の予報計算に基づき、1982 年にアメリカのヘール天文台で 24 等星という限界に近い暗さの中でハレー彗星が検出されたことや、過去にさかのぼっての軌道計算から、紀元前 164 年のハレー彗星の観測記録（バビロニアの粘土板）が確認されたことなど、ハレー彗星といえばヨーマンズの名が浮かぶほどです。

ヨーマンズは、メリーランド大学で天文学の学位（博士号）を取得後、ゴダード宇宙飛行センターで探査機の飛行計画に携わっていましたが、1976 年には大陸を横断し JPL に拠点を移しました。1998 年からは JPL で、NASA の地球接近天体プログラム室長として活躍しています。日本の小惑星探査機「はやぶさ」計画にも参加していました。長年にわたり地球接近天体についての理解を広めてきたことから、アメリカ天文学会の 2013 年カール・セーガンメダルを受賞しています。また、『タイム』誌の 2013 年版「世界で最も影響力のあった 100 人」にも選ばれました（当時の資料を見ると 70 歳とあります）。

地球接近天体についての入門書である本書を読むと、これらの天体が人類の運命と密接に結びついていることがわかると思います。私たちの社会にふりか

かるさまざまな自然災害のうち、頻繁に起こるわけではないですが、いったん起これば、国や大陸、あるいは人類そのものの存続を危うくするようなものとして心配されるものが、小惑星や彗星による地球衝突です。

　と同時に、これらの小天体は、太陽系誕生からあまり大きな変化を受けていない可能性があり、太陽系誕生の頃の情報を天体の構造や組成から読み取れるかもしれないのです。さらには、地球上に大量に存在する水も、小惑星衝突によってもたらされたのかもしれません。本書で紹介されたように、将来の有人火星飛行では、水が豊富に含まれる地球接近小惑星を中継するルートが計画されることでしょう。

　天体が人類の運命の鍵を握っている、といっても占星術の話ではありません。本書をお読みいただいた読者諸氏は、天文学は人類の存続に不可欠な学問であることに気がつかれたことと思います。この時間も世界のどこかで、天体の監視に目を光らせている観測者や研究者が活動していることに思いをはせていただければと思います。

　本書の訳出にあたって、原文の意味・ニュアンスなどについて、何ヵ所か著者ヨーマンズ博士にメールで尋ねたところ、素早く的確な返信をいただきました。また、地人書館編集部の永山幸男さんの尽力に支えられました。ここに感謝の意を表します。

2013年秋
山田陽志郎

(1)　http://www.oosa.unvienna.org/pdf/misc/2013/at-14/at14-handoutE.pdf
(2)　http://www.spaceguard.or.jp/ja/jsga/tour/seimei2013.pdf
(3)　http://catalog.hathitrust.org/Record/000581098

原注

はじめに

(1) Lord Byron in E.J.Lovell, Jr., ed., Medwin's *"Conversations of Lord Byron"* (Princeton: Princeton University Press, 1966), 188.

第1章

(1) 1908年のツングースカ事件については、第8章でさらに詳しくとりあげる。
(2) 6500万年前に起こった絶滅については、第4章で詳しくとりあげる。
(3) 地球が太陽に最も近いとき、地球の北半球では冬になり、太陽から最も遠いとき、北半球では夏を迎えている。すなわち、四季の温度変化の主な原因は、地球と太陽との距離の変化ではなく、地球の自転軸（地軸）の傾きにある。北半球の夏には、冬に比べ、北極側が太陽方向に傾いているため、太陽が空高く昇り日差しも強く、また太陽が出ている昼間の時間も長くなる。
(4) 共同発見者であるホレス・タットル（Horace Tuttle, 1837-1923）は、波乱に富んだ生涯を送り、天文学者としても南北戦争の英雄としても成功した人物である。海軍からは横領罪を宣告され、倫理に背く恥ずべき行為を働いたとして解雇処分になっている。詳しくは本著者（Donald K. Yeomans）による *Comets: A Chronological History of Observation, Science, Myth and Folklore*（New York: John Wiley and Sons, 1991）, pp.238-39を参照のこと。
(5) 小惑星の名前は、国際天文学連合の小天体命名委員会によって承認されることにより、公式なものとなり、永久的に使用される名前となる。ところが、りっぱな証明書を発行し、公式なものでも国際的な科学機関に承認されたものでもない「星の名前」を売っている会社がいくつも存在する。あなたと関連付けた星の名前を登録するというのである。シリウス、ベテルギウス、リゲルといった明るい星に古くから使われている名前は別として、たいていの星（恒星）は名前を持たず、数字主体の符号を持つだけである。

第2章

(1) ボイジャー1号と2号、それぞれに積まれたレコードの内容は、コーネル大学のカール・セーガンを議長とする委員会によって選ばれた。2011年、ボイジャー1号と2号は、それぞれ太陽から118AU、97AUの距離にあり、信号は光速で13時間以上かけて地球に到達する。NASA深宇宙ネットワークの巨大アンテナがこれら探査機と通信しているのである。
(2) カイパーベルトという名称は、オランダ出身でアメリカの天文学者、ジェラルド・カイパー（Gerard Kuiper, 1905〜1973）にちなむもので、彼は1951年に冥王星以遠に多数の天

原注（第2章）

体が存在することを示唆していた。これは、当時質量が大きいと考えられていた冥王星が、その重力で周辺の氷天体を遠方のオールトの彗星雲に向かって散乱させている、という考えに基づいていた。現在では、冥王星の質量はカイパーが考えていたよりもはるかに小さいことがわかっており、いわゆるカイパーベルトは、実際にはカイパーが考えていたようなものではない（カイパーの主張どおりなら、散乱されてしまったあと、現在ではカイパーベルトに氷天体はほとんど残っていないことになる）。海王星以遠に多数の氷天体があるという考えは、カイパーの8年間前、1943年にイギリスの天文学者ケネス・エッジワース（Kenneth Edgeworth）によって提案されていた。このため、エッジワース-カイパーベルトという言い方を好む天文学者もいる。1980年、ウルグアイの惑星科学者、フリオ・フェルナンデス（Julio Fernándes）は、短周期彗星は海王星以遠の氷天体からなる「平たい円盤領域から来ているようだと、明確に指摘した。したがって、公平な扱いをするならば、カイパーベルトをフェルナンデスベルトと呼んだ方がよいだろう。ディヴィッド・ジューイット（David Jewitt）が指摘したように、カイパーベルトという名は「科学上の発見に、第一発見者の名前が付けられることはない」というスティグラーの法則に当てはまる事例だ。この冗談半分の法則には、シカゴ大学の統計学教授スティーヴン・スティグラー（Stephen Stigler）の名が付いているが、実はこの法則そのものが、社会学者ロバート・K.マートン（Robert K. Merton）によるものなのだ。冥王星を別として、最初のカイパーベルト天体の発見は、1992年のデイヴ・ジューイット（Dave Jewitt）とジェーン・ルー（Jane Luu）によるハワイ、マウナケアからの観測だった。いまや千個以上のカイパーベルト天体が発見され、冥王星に匹敵する大きさのものもある。太陽系外縁天体という用語は、海王星以遠で太陽を周回しているカイパーベルト天体や散乱円盤天体に対してよく使われている用語である。

(3) プラハで開催された2006年の国際天文学連合（IAU）総会で、出席していた一部会員による投票により、かわいそうな冥王星の地位が、惑星から準惑星へ変更された。それまでは、1930年、アリゾナ州フラグスタッフのローウェル天文台におけるクライド・トンボー（Clyde Tombaugh）による発見以来、冥王星は太陽系で9番目の惑星とされてきた。この新たな分類には異論もあり、冥王星を準惑星とすることに反対の天文学者もいる〔冥王星の扱い云々というより、惑星の定義内容に異論がある、といった方が正確だろう〕。

(4) 太陽から放たれている電気を帯びた太陽風粒子とそれに伴う磁場が、星間ガスの荷電粒子と磁場に出くわしている領域がヘリオポーズである。ボイジャー探査機が初めてそこに遭遇したと1993年にボイジャー科学チームが発表した。当時のボイジャー太陽系脱出についてはいろいろと話題になった。

(5) アリゾナ州ウィンスロー近郊にあるメテオールクレーターで見つかった鉄隕石などについては、鉛同位体の放射性崩壊を使った年代測定が行なわれた。崩壊でできた安定生成物の量をはかり、放射性同位体がもとの数の半分に減るまでの時間（半減期）と、放射性同位体のもともとの量から、隕石ができた年代が求められる。

(6) 2006年に、冥王星が準惑星に降格された主な理由は、惑星の新たな定義に当てはまらなかったためである。ほかの惑星の場合とは異なり、冥王星はその軌道周囲に冥王星と同程度の質量の天体が存在していた。すなわち、冥王星は十分な質量にまで達しなかったために、軌道周囲の同規模天体を引きつけることができなかった。冥王星は、惑星定義のもう二つの条件の方は満たしている。すなわち、太陽のまわりを回っている天体であり、ほぼ球形にな

るほどの質量を持っている。
(7) 133P/Elst-Pizarro、176P/LINEAR、238P/Read、259P/Garradd、P/2010 R2（La Sagra）という少なくとも五つが見つかっており、そのほかにもスペクトル観測から、3.1μm付近の H_2O の氷の存在を示しているものに小惑星 (24) テミスがある。ハワイ、マウナケア山頂にある NASA の赤外望遠鏡を使い二つのチームが観測している。

第3章

(1) 惑星移動の過程で、天王星と海王星の軌道は互いに横断する可能性が生まれ、海王星を天王星の内側に設定したコンピューターシミュレーションでは約50％のケースで、最終的に天王星軌道の外側に転じる。
(2) 木星のトロヤ群小惑星以外に、海王星にもトロヤ群がいくつか（10個ほど）見つかっている。また、火星にもいくつかのトロヤ群が見つかり、さらに地球にもトロヤ群がひとつ見つかった（2010 TK7）。
(3) 1977年、チャールズ・コワル（Charles Kowal）が初めてのセントール天体、(2060) キロンを土星と天王星の軌道の間に発見した。
(4) 2010年、ハル・レヴィスン（Hal Levison）と彼の同僚らは、オールト雲の90％が、（太陽とともに星団として生まれた）別の恒星から捕獲した可能性を提案した（「太陽が生まれた星団からのオールト雲捕獲」という *Science*, June 10, 2010 の論文）。
(5) 後期重爆撃期に、月に衝突した天体の総質量はざっと 10^{22}g で、これは直径194kmの岩石天体一つに匹敵する。さらに多くの物体が火星に衝突し、その中には彗星も含まれ、今なお火星の表面や地下に存在する氷は彗星がもたらしたものかもしれない。同様に、月にある氷も彗星がもたらした可能性がある。アメリカの惑星科学者であるラルフ・ボルドウィン（Ralph Baldwin）は、1949年の古典的著作『月の顔』（*The Face of the Moon*）で、月では早い段階で急速な隕石の集積があったにちがいないと書いていたが、後期重爆撃期のアイデアは、アポロ計画の月サンプルの年代測定の結果から提案されたものであった。
(6) 氷が蒸発し、ガス、塵、破片が失われていくため、彗星が分解しない場合でも、その軌道上に塵や破片の跡を残していく。こうした彗星の通った痕跡に地球が入っていくと、流星群が観測される。
(7) 宇宙に満ちているエーテル（当時、光を伝える媒質と考えられていた）の中を惑星が進むときにエネルギーを失わないためには、熱の力が惑星を押していればよいというアイデアを、ヤーコフスキー（Yarkovsky）は1901年に提案した。現在、私たちはそのようなエーテルが存在しないことを知っているが、熱放射の効果を正しくとらえていたことからヤーコフスキー効果と呼ばれるようになった。
(8) ヨープ効果（YORP effect）は2007年に、北アイルランドの天文学者スティーヴン・ローリー（Stephen Lowly）らによって、初めて検出された。彼らは、小惑星 (54509) 2000 PH5 の自転周期の増加率を慎重に測定した。この小惑星は現在 (54509) YORP と名付けられている。

第 4 章

(1) 1807 年 12 月 14 日朝、巨大な火球がニューイングランド上空に現れ、コネティカット州ウェストン近郊にいくつかの破片が落下した。エール大学化学教授であったベンジャミン・シリマン（Benjamin Silliman）と大学図書館員、ジェームズ・キングスレー（James Kingsley）は、いくつかの隕石標本を集めた。ところが、これら隕石が当時のトーマス・ジェファーソン大統領の注意を引いた際、大統領は空から降ってきたことに懐疑的だった。とはいっても、大統領の「空から石が降ってきたと信じるよりも、ニューイングランドの教授が嘘をついていると信じる方が簡単だ」というコメントには、信憑性に疑いがある。

(2) エルンスト・エピック（Ernst Öpik）は 1893 年にエストニアで生まれた。1916 年の研究発表当時、23 歳の若さだった。ヤーコフスキー効果が初めて提案された、知られざるパンフレットに注目したのもエピックだった。エピックの 70 年にわたる天文学者としての人生において、恒星内部構造、流星物理、彗星、小惑星、地球、月、宇宙探査、宇宙生物学など、多くの天文分野を彼は網羅していた。エピックはまた、実力ある作曲家でもあった。筆者は 1970 年代にエピックを知る恩恵にあずかった。北アイルランドのアーマー天文台で、『アイルランド天文学ジャーナル』（Irish Astronomical Journal）編集長をしている立場にあり、メリーランド大学での夏季授業の時間をとってくれたのだった。筆者は同大学の大学院生で大いに感銘を受けたのだった。1997 年〜 2010 年までエピックの孫のレンビット・エピック（Lembit Öpik）は英国議会に仕え、地球接近天体の研究を擁護してきた。

(3) 分裂説とよばれる別の月形成プロセスでは、高速で自転する地球から月が分離し、それを地球が捕捉したとする。月は地球と同時にできたことになる。こうした別の説では力学的な問題点があり、とくに捕捉プロセスでは、地球の自転がなぜそれほど速くなったのか、月分裂後、どのようにして現在のように自転が遅くなったのかがうまく説明できない。さらに分裂説では、月に揮発性物質が欠乏していることも説明できない。兄弟説（双子説とも）では、太陽系形成時の塵円盤から地球とともに月ができたとしているが、月にたいした鉄の核がないことや月のマグマオーシャンの発生が説明できない。

(4) 我々人類の体を作る細胞の数より、体内・体表にいるバクテリアの数は 10 倍も多い。バクテリアは我々を守り、消化を助けており、予想以上に役立っている。嫌がらずにバクテリアを愛そう。

(5) 太陽系の他の天体、ことによると太陽系外から、塵や彗星、小惑星によって単純な生命が運ばれ、地球にやってきた可能性もある。地球外から生命が運ばれてきたという考え、「パンスペルミア」はかなり注目されてきたが、おおかたの科学者は否定的である。というのは、宇宙空間にある長期間、ほとんどの生命にとって致命的な宇宙線や紫外線にさらされ続けるからである。こうした生命の運搬方法が有効なのかどうかはっきりしていないが、いずれにせよ、パンスペルミア経由で原始的な生命がやってくるならば、地球から他の天体へということも考えられる。

(6) 1952 年、スタンリー・ミラー（Stanley Miller）とハロルド・ユーリ（Harold Urey）は、風変わりな実験を行なった。原始地球の環境条件から、当時の大気に存在したと見られる無機物から有機物を合成できたかどうかという実験だった。彼らは、水、メタン、アンモニア、

そして水素ガスを容器に入れ、その中で強力なスパーク放電を起こした。1週間も経つと、容器内炭素の10〜15%が有機物に、炭素の2%がアミノ酸になった。実験された混合物が地球初期の大気を表しているかどうかにかかわらず、有機物は容易に合成できることを彼らは示したのであった。

(7) K-T絶滅事件は天体衝突が原因だとする見解は広く科学者の合意が得られているわけではなく、約6500万年前にインド中西部で増大した火山活動を考えている科学者もいる。そのデカントラップ（トラップは階段を意味するスウェーデン語から。景観が階段のようになっている）と呼ばれるものは、地球上最大規模の溶岩台地である。多数のすさまじい火山噴火によって酸性雨やオゾン層破壊、そして気候変動が生じた可能性がある。小惑星衝突と相まって、増大する火山活動がK-T絶滅事件を引き起こしたのかもしれない。最近になって、K-T境界をK-P境界と呼ぶ研究者が多くなっている（第三紀という区分が、古第三紀（Paleogene）と新第三紀（Neogene）に分けられたため）。

第5章

(1) D. K. Yeomans, *Comets: A Chronological History of Observation, Science, Myth and Folklore* (New York: John Wiley and Sons, 1991), p.265.

(2) ボーデの法則（Bode's law）は、「科学上の発見に、第一発見者の名前が付けられることはない」というスティグラーの法則の典型である（第2章の原注(2)を参照）。ボーデの法則は、天王星まではかなりよく当てはまるのだが、海王星となるとそれほどでもない。実際の各惑星の軌道長半径とボーデの法則による予測値を並べてみると、水星（0.7、0.7）、金星（0.4、0.4）、地球（1.0、1.0）、火星（1.5、1.6）、木星（5.2、5.2）、土星（9.5、10.0）、天王星（19.2、19.6）、海王星（30.1、38.8）となる。ボーデの法則は興味深い数字の関係を示しているが、まともな物理的裏付けがあるわけではない。

(3) ピアッツィ（Piazzi）は当初、ナポリとシシリーの王、フェルディナンド4世（King Ferdinand Ⅳ）の栄誉を称え、ケレス・フェルディナンデアという名を提案していた。

(4) 現在のコンピューター用に数学的な改良が施されてはいるが、天体の発見直後の軌道決定では、ガウス（Gauss）が1801年11月にケレスの軌道要素を求めるために開発した方法（1809年に公表）が今もなお使われている。

(5) 国際天文学連合（IAU）は小惑星の望ましい英語表記を"minor planets"としているが、ウィリアム・ハーシェル（William Herschel）はこうした天体に対し、まるで小さな星のように見える、ということから"asteroids"という用語を最初に提案した（「星のような」という意味のギリシャ語から）。現在では、"minor planets"と"asteroids"が同等に使われている。19世紀前半までは、小惑星は惑星と見なされていたが、その後は小惑星と呼ばれるようになった。2006年の国際天文学連合総会では、小惑星ケレスは準惑星という分類に昇格した。

(6) エレノア・ヘリン（Elenor "Glo" Helin）は地球接近天体捜索のパイオニアであり、パロマー天文台宿泊施設（「修道院」と呼ばれていた）の定期的使用を許可された最初の女性観測者であった。彼女が性の壁を打ち破るまでは、修道院は完全に男子クラブだったのである。グロウは、筆者が会ったことのある最も毅然とした人物の一人であり、差別的態度を黙認し

原注（第5章）

ないだけでなく、伝統などどうでもよいという姿勢だった。彼女は黄金のハートを持ち、かつ攻撃的だった。1982年のこと、パロマーで観測中にジーン・シューメーカー（Gene Shoemaker）ときびしい議論をした末、彼女は「修道院」へ戻り、ジーンが中に入り休む前に、玄関ドアに鍵をかけてしまった。この後、彼らの協力関係は終止符を打つことになる。David Levy, *Shoemaker by Levy: The Man Made an Impact*（Princeton: Princeton University Press, 2000）, p.172 を参照。

(7) 1997年7月、ジーン・シューメーカー（Gene Shoemaker）はオーストラリアで悲劇的な交通事故に遭い亡くなった。地質学者として経験を積んだシューメーカーには、過去に大きく落胆した出来事があった。それは、副腎に影響の出ることがあるアディソン病（ステロイド剤でコントロールできる病気である）にかかっていたことでアポロ計画の宇宙飛行士候補から外されてしまったことであった。しかし、アポロ宇宙飛行士たちに月面について講義するという役割を果たすことができた。さらに、彼の火葬した遺灰の一部は、ルーナー・プロスペクター探査機に搭載されて月に向かった。1999年7月、死後2年が経過した後、ジーンはついに月に行くことができた。ルーナー・プロスペクター探査機は探査ミッションを終了し、月面へ衝突する指令を受信したのである（7月31日、月の南極にあるクレーターの底に衝突）。

(8) 世界中でいくつもの観測プログラムが動いており、地球接近天体の発見とその軌道を正確に求める追跡観測に大きな貢献をしている。これらのプログラムには、フランスのカンヌ北部にあるコート・ダジュール天文台の口径0.9m望遠鏡を使ったドイツとフランスによる（中断した）プログラムや、イタリア、チーマ・エカールのアジアーゴ天文台におけるイタリア・ドイツの共同プログラム、チェコ共和国のクレット天文台でのプログラム、そして日本の岡山県美星町における日本スペースガード協会のプログラムなどが含まれる。アラン・フィッツシモンズ（Alan Fitzsimmons）にも言及すべきだろう。彼は、カナリア諸島ラ・パルマの口径1m望遠鏡を使っている。そして、ピーター・バートウィッスル（Peter Birtwhistle）は天気に恵まれないイギリスにいるのだが、追跡観測で大いに活躍している。アメリカでは筆頭にあがるような追跡観測者に、ハワイのデイヴ・ソーレン（Dave Tholen）、ツーソン近郊のスペースウォッチ天文台のボブ・マクミラン（Bob McMillan）、ジェフ・ラーセン（Jeff Larsen）、ジム・スコティ（Jim Scotti）、そしてテレンス・ブレシー（Terrence Bressi）がいる。ビルとアイリーン・ライアン（Bill and Eileen Ryan）夫妻はニューメキシコ州のマグダレーナリッジ天文台で口径2.4m望遠鏡を使用している。アリゾナ州フラグスタッフ近郊の海軍天文台にはアリス・モネ（Alice Monet）とヒュー・ハリス（Hugh Harris）がおり、イリノイ州にはロバート・ホルムズ（Robert Holmes）率いるグループが活躍している。そして、南カリフォルニアにあるJPLのテーブルマウンテン天文台にはビル・オーウェン（Bill Owen）と（現在は引退した）ジム・ヤング（Jim Young）がいる。

(9) 二つ目のレポートは、『地球接近天体迎撃ワークショップ概要レポート』（*Summary Report of the Near-Earth-Object Interception Workshop*）というタイトルで、1992年8月に刊行された。NASAのジョン・ラザー（John Rather）とジョルゲン・レヒー（Jurgen Rahe）が議長を務めたワークショップであった。必要な技術開発がなされ、適切な実験プログラムが着手されるならば、ほとんどの衝突災害を食い止められる技術的に信頼できる方

策がある、とワークショップレポートで言及されていた。ある参加者たちは、爆発物ではなく、宇宙機そのものを小さな小惑星にぶつけ、コースを変える宇宙実験をすぐにでも始めることを主張した。しかし、何人かの参加者は、宇宙で核爆発を起こすことについて強い関心を持っていた。

(10) 「スペースガード」という言葉は、もともとアーサー・C. クラーク（Authur C. Clarke）が1973年に執筆したサイエンス・フィクション『宇宙のランデブー』（*Rendezvous with Rama*）で使ったのが始まりである。この小説では、地球を脅かすような軌道をもつ地球接近天体を確認するため、プロジェクト・スペースガードが設立されたことになっている。

(11) グラント・ストークス（Grant Stokes）は、LINEAR計画最初の主任研究者であり、同僚にはスコット・スチュワート（Scott Stuart）、エリック・ピアース（Eric Pearce）、そしてマイケル・ハーヴァネック（Michael Harvanek）らがいる。1998年にスティーヴ・ラーソン（Steph Larson）によって着手されたカタリナ・スカイ・サーベイは、エド・ビショア（Ed Beshore）を主任研究者として運用されている。大いに成果を上げている観測チームには、アンドレア・ボアティーニ（Andrea Boattini）、ゴードン・ギャラッド（Gordon Garradd）、アレックス・ギブス（Alex Gibbs）、アル・グラウアー（Al Grauer）、リック・ヒル（Rik Hill）、リチャード・コワルスキー（Richard Kowalski）、そしてロブ・マクノート（Rob McNaught）らが名を連ねる。他の発見捜天観測で、いまでは打ち切りになっているものには次のものがある。1990年、オーストラリア、サイディング・スプリングで口径1.2m シュミット望遠鏡を用いてダンカン・スティール（Duncan Steel）らが短期間実施した写真捜索プログラム、そして、テッド・ボーエル（Ted Bowell）とラリー・ワーサマン（Larry Wasserman）が1993年から2008年までローウェル天文台の口径0.6m望遠鏡で実施したローウェル天文台NEOサーベイ（LONEOS）である。1995年に開始され、数年間継続されたJPL地球接近小惑星追跡（NEAT）プログラムがある。これは、空軍と協力し、ハワイのハレアカラ山にある空軍の口径1m（のちに1.2m）望遠鏡が使われた。NEATプログラムは、2001年には南カリフォルニアのパロマー山にある口径1.2mシュミット望遠鏡に移行した。主任研究者エレノア・ヘリン（Eleanor Helin）の指揮のもと、デイヴィッド・ラビノウィッツ（David Rabinowitz）によって着手されたNEATプログラムは、JPLのスティーヴ・プラヴド（Steve Pravdo）とレイ・バンベリー（Ray Bambery）らによって引き継がれた。その後、2007年に運用を終えるまでは、カルテックのマイク・ブラウン（Mike Brown）がプログラムを引き継いだ。JPLのケン・ローレンス（Ken Lawrence）は、12年間のNEATプログラムやグロウ・ヘリンによって実施された初期の写真捜天観測のデータ整理に熱心に取り組んでいる。

(12) アラン・W. ハリス（Alan W. Harris）は、特定サイズの地球接近小惑星（NEA）がどのくらい存在するのかを求めるため、いわゆるサイズ頻度の研究を行なった。たとえば、1km以上のNEAが約990個あることがわかったとすると、140m以上のものが約20000個、直径30m以上のNEAが100万個以上存在することになる。小惑星帯の大きな小惑星は、数百万年に一度、相互衝突を起こすため、次第に小さな小惑星が増えていく。大きなものは少なくなり、小さなものが多数を占めるようになる。ハンマーでレンガを叩き割る場合と同様に、小さなものが多く、大きなものが少数になる。うそのような話だが、アラン・ウィリアム・ハリス（Alan William Harris）という同じ名前の二人の小惑星研究者がいるのだ。一

原注（第6章）

人は南カリフォルニアに、もう一人はドイツにいる。ここで言うアラン・ハリスは南カリフォルニアに住んでいる方で、ドイツのアラン・ハリスより7歳年上だ。そこで彼のことを年長のアラン・W. ハリスとしておこう。

(13) これらのデータを処理するため、ティム・スパー（Tim Spahr）、ガレス・ウィリアムズ（Gareth Williams）、ホセ・ガラーチェ（Jose Galache）、ソニア・キース（Sinia Keys）、そしてカール・ヘーゲンローター（Carl Hergenrother）らは、精力的に仕事をこなしている。ブライアン・マーズデン（Brian Marsden）は2010年11月に死を迎えるまで、1978年から2006年までMPCのセンター長を務め、太陽と衝突する小さなSOHO（太陽・太陽圏観測機）彗星を含む多くの彗星の軌道計算を行なった。SOHOは1995年12月に打ち上げられ、太陽活動をモニターしてきた。SOHOの画像からは、太陽周辺を通過する2000以上の小さな彗星が発見されてきた。そうした発見の多くが、インターネット上のウェブページ http://sungrazer.nrl.navy.mil/index.php?.p=cometform で公開されている画像から、アマチュアの国際グループによって探し出されたものである。

(14) ピサでは、ヴァラドリド大学のアンドレア・ミラーニ（Andrea Milani）が責任者となって、ジョヴァンニ・グロンキ（Giovanni Gronchi）、ファブリツィオ・ベルナルディ（Fabrizio Bernardi）、ジョヴァンニ・ヴァルセッキ（Giovanni Valsecchi）、そしてジニー・サンサトゥーリオ（Genny Sansaturio）らが仕事にあたっている。ドン・ヨーマンズはJPLにあるNASAのNEOプログラム室の室長であり、中核となるスタッフには、スティーヴ・チェスリー（Steve Chesley）、アラン・チェンバレン（Alan Chamberlin）、ポール・チョウダス（Paul Chodas）、そしてジョン・ジョルジーニ（Jon Giorgini）らがが含まれ、スティーヴ・チェスリーはイタリアのNEODySシステム（1999年1月にオンライン）とJPLのセントリーシステム（2年後にオンライン）双方の立ち上げに大きく貢献した。

(15) 2003年の報告は以下のURLで見ることができる。http://neo.jpl.nasa.gov/neo/report.html

(16) 比較のため、天球上の面積では、満月は約0.2平方度。

(17) 天文学上の等級とは、天体の見かけの明るさ（など）を表すのに用いられる。太陽以外で最も明るい恒星は、シリウスで、見かけの等級は-1.5等。1等級上がるごとに約2.5倍明るさが暗くなる。1等星は6等星の100倍明るい。

(18) LSSTの進展については http://www.lsst.org/lsst_home.shtml を参照されたい。

(19) NASAの2007年レポートは、http://neo.jpl.nasa.gov/neo/report2007.html で見ることができる。そうそうたるメンバーの全米研究評議会は、2007年レポートの　多くの内容について、2010年のレポート『惑星地球の防衛：地球接近天体の捜天観測と災害軽減の戦略』（*Defending Planet Earth: Near-Earth-Object Surveys and Hazard Mitigation Strategies*, Washington, DC: National Academies Press, 2010）の中で支持を表明している。

第6章

(1) 作家でありイラストレーターでもあるカール・バークス（Carl Barks）は、この漫画のほか、宇宙探検や発明を扱った他のドナルドダック漫画を制作した。1983年初め、カール・バークスは小惑星に名前が付く（(2730) Barksという小惑星）という栄誉を授かった。ア

原注（第 7 章）

リゾナ州フラグスタッフ近郊、ローウェル天文台のテッド・ボーエル（Ted Bowell）がこの小惑星を発見した。今回のエピソードに注目させてくれたテッドに感謝したい。

(2) 鉄・ニッケルでできた小惑星の破片は頑丈で、地球大気圏通過でも生き残り地上に達することがよくある。したがって隕鉄の数としては比較的珍しいものの、隕石コレクションの中では最も数が多い〔この記述は正しくない。隕鉄は、より多くの石質隕石よりも区別しやすく、人口密度の多い地域、たとえば北米では隕鉄の発見数は全体の 23％に上る。資料：http://meteorites.wustl.edu/meteorite_types.htm〕。鉄・ニッケルでできた小惑星は地球接近小惑星では珍しい。それらは M 型小惑星と関連付けられることが多いが、M 型の M は Metal（金属）から来ている。しかし、すべての M 型小惑星が金属質というわけではない。一部のものは含水鉱物という形で水を含む。これらの含水鉱物は、長石が粘土鉱物になるように、水分子が鉱物の結晶構造内に直接取り込まれたものかもしれない。

(3) マニアたちはよく、1 光秒、すなわち約 30 万 km だけ車の走行距離をもたせようとする。

(4) ワシントン州立大学のスコット・ハドソン（Scott Hudson）は、レーダーによる測距とドップラー観測のデータから小惑星の形状モデルを見積もるという高度なコンピュータ技法を考案した最初の研究者である。この分野の先駆者には、アレシボのマイク・ノーラン（Mike Nolan）、コーネル大学のダン・キャンベル（Don Campbell）、UCLA のジャン＝リュック・マゴー（Jean-Luc Magot）とマイケル・ブッシュ（Michael Busch）、そして JPL のランス・ベナー（Lance Benner）やマリーナ・ブロゾヴィチ（Mrina Brozovic）がおり、JPL ではとくに故スティーヴ・オストロウ（Steve Ostro）がいた。

(5) およそ 3 ダースの彗星で分裂が観測されてきた。そのうちの四つが潮汐力による分裂である。たとえば、シューメーカー - レビー第 9 彗星（D/Shoemaker-Levy 9）は 1929 年頃に木星をまわる軌道に捕獲され、1992 年 7 月には木星半径の 3 分の 1 以内まで木星面に接近した。このとき、彗星核の「木星に近い側」と「木星から遠い側」に働く木星重力の差によって核に張力が生じ、壊れやすい核に分裂を引き起こした。20 個以上の破片に分裂した同彗星は、2 年後の 1994 年 7 月に次々と木星に衝突していった。それは木星に対し秒速 60km という高速衝突であった。この彗星など数個の彗星には D という接頭辞が付いているが、これはもはや存在しないか、活動しなくなった彗星であることを意味している。ブルックス第 2 彗星（16P/Brooks）は 1886 年に木星に接近して分裂した。太陽半径の 2 倍以内に太陽面に接近したのちに分裂した彗星が二つある。こうした彗星に働く潮汐力はかなり穏やかなものであるが、彗星がいかに壊れやすい構造であるかがわかる。分裂した彗星の大部分は潮汐で起こったものではなく、何がその引き金になったのか不明である。高速自転が一つの可能性として考えられている。〔彗星の分裂については、http://www.icq.eps.harvard.edu/ICQsplit.html および http://www.lpi.usra.edu/books/CometsII/7011.pdf を参照〕

第 7 章

(1) 金に対するプラチナの価値は、クレジットカード業界や航空機を頻繁に利用する会員にも知られており、ゴールドカードよりもプラチナカードのほうが高級とみなされている。さらに希少なロジウムは、高い反射率や腐食しにくいことから、宝石、鏡、車の排気清浄用触媒コンバーター、航空機のタービンエンジン（プラチナとの合金）などに使われ、プラチナよ

原注（第8章）

りもさらに高価になっている。しかしながら、ロジウムの特別な価値は、まだクレジットカード業界には認知されていない。
(2) ヘリウムの同位体、^{3}He、はいずれ最も価値ある宇宙資源になるかもしれない。水素の同位体、重水素とともに用いる核融合燃料として、魅力的なエネルギー源になるかもしれないのだ。^{3}He は、数百万年もの間に太陽風によって月面に運ばれ蓄積されていった。一方、地球には大気〔磁気圏も〕があるため、この軽いヘリウム同位体が地上に達することはなかった。
(3) 地球周囲の高い高度の軌道で太陽光を集めるというのは、地上で太陽光を集めるよりもはるかに効率が良い。大気中で太陽光の約30％が反射されてしまうし、地球と同じ周期で回る高度約3万6000kmの地球同期軌道〔原文では同期軌道だが静止軌道とした方がここでは適切〕で運用されれば、ほとんど連続運転が可能になり地上の特定地域にエネルギーを送ることが可能になる。こうした利点は、大気を通してエネルギーを伝えるうえで危惧される点と比較検討する必要がある。
(4) 宇宙開発・探査を実施している国々のうち、ほとんどが批准している現在の宇宙条約では、地球以外の天体で主権を主張することができないが、私企業による所有権の主張までは禁止されていない。
(5) 地球接近小惑星までの往復にかかる時間は、いくつかの要素によって決まる。小惑星の軌道が地球の軌道とどの程度似ているのか、小惑星での滞在時間、どの程度の規模のロケットで打ち上げるか、燃料・物資は地球周回軌道にストックさせているのかどうか（小惑星に向かう前に地球周回軌道にある貨物宇宙船とドッキングするのかどうか）。往復に向いた小惑星というのは、地球の軌道に似た軌道を持っている小惑星ということになる。すなわち、軌道はほとんど円に近く、地球軌道とほぼ同じ面で、地球とほぼ同じ距離太陽から離れたところを回っている。そうした小惑星は、アテン型の地球接近小惑星であることが多い。こうした軌道の小惑星は、鉱物や金属に関する開発も容易になる。第9章で触れるが、こうした小惑星は地球への衝突という観点で見ると最も危険な存在となっている。同じグループの小惑星が、太陽系で最も利用価値があり、最も危険でもある。
(6) 一般に、男性の方が女性よりも放射線に対する組織ダメージが少ない。また、年齢では、若い人よりも年配の人の方が組織ダメージを受けにくい。したがって、地球接近小惑星や火星の有人探査として理想的な乗員というのは、年配の男性から構成されるメンバーかもしれない！

第8章

(1) もし地球がリンゴくらいの大きさなら、大部分の大気の厚さはリンゴの皮程度となる。地球を住める状態にしているのが、これほど薄く壊れやすい大気なのである。
(2) 隕石の大部分が石質隕石であるのに対し、隕鉄の場合は小さくても強固な構造であるため、地上に達することがあり、エネルギーもほとんど失うことがない。しかし、隕鉄は、地球に衝突する物体の質量のたった5％以下にすぎない。そうであっても、隕鉄は風化にも壊れにくく、見分けやすいため、現在、隕石コレクションのなかでかなりの割合を占めている。地球大気に突入する小型の天体では、ほとんどの場合、地上まで達するほど頑丈ではないだろう。隕石というのは、そのうちのわずかな割合を占めるにすぎないのかもしれない。

(3) 表 8.1 のデータは、パーデュー大学のしゃれたウェブサイト「インパクト・アース！」http://www.purdue.edu/impactearth/ を用いて求められたものである。

(4) 1920 年、L. A. クーリック（L. A. Kulik）はサンクトペテルブルク博物館の隕石コレクションの責任者に任命され、ソ連領内に落下した隕石の落下地点と隕石そのものを調べることになった。彼は、1921 年に最初の調査隊を率いてツングースカに入ろうとしたが成功しなかった。それでも、1927 年、1929 年、1938 年となんとか現地調査を行ない、現地の写真などの記録をとっている。革命運動でしばらく収監され、第二次大戦中にはナチスドイツの捕虜収容所に入れられ、1942 年 4 月に収容所で死去している。

(5) 肉眼で見えるというのは、通常、明るさが 6 等級以上と定義される。小惑星ヴェスタはときに 5.3 等に達することがあり、澄んだ晴天の暗夜で、見える方向さえわかれば、視力に自信がある者には肉眼で見えるほどである。今後、ヴェスタが 5.3 等になるのは、2029 年 7 月 10 日である。その 3 ヵ月前の 2029 年 4 月 13 日（日本時間 14 日）地球接近小惑星アポフィスが地上高度、地球半径 5 倍以内を通過。ヨーロッパ、北アフリカから 3.5 等（ヴェスタの 5 倍）で観察できるだろう。カレンダーに印をしておこう。

(6) 質量と体積が求められている小惑星というのはきわめてわずかで、したがって、平均密度がわかっている例もほとんどない。探査機からのデータから、岩石質の地球接近小惑星エロスの平均密度が $2.7g/cm^3$ であることがわかった。彗星の平均密度が初めて正確に求められることになるのが、2014 年、ヨーロッパ宇宙機関のロゼッタ探査機による 67P/チュリュモフ－ゲラシメンコ彗星への到着時である。しかし、間接的な方法によって、彗星の平均密度が $0.6g/cm^3$ 付近の値であることは推定されている。水の密度が $1g/cm^3$ であることから、もし巨大水槽に彗星を入れれば彗星は浮いてしまうことになる。

(7) マーク・ボスロー（Mark Boslough）の高く評価される科学的手腕は、ときに偽科学をもうまく料理するというユーモア感覚である。1998 年のエープリルフール、彼は創造説論者をからかおうと、アラバマ州議会では円周率を「聖書に出ている値」に正確に合わせ、3 にするかどうかを票決するという架空の話をでっちあげたところ、しばらくの間、この話は広まっていき本当だと信じられていた。

第9章

(1) 2008 年 10 月 6 日東部標準時 9 時 30 分頃、ペリーノ女史（Ms. Perino）は電子メールを受信したが、その件名は"HEADS UP"（警告）であった。そのメールは小惑星がスーダンに向かっており、スーダンの国民にそのことを知らせるべきであるという内容が書かれていた。しかし、そのような連絡はついにとられなかった。アメリカとスーダン政府の間に正式な国交がなかったからである。

(2) NEO と地球の相対速度で決まってくる地球の捕獲断面（これは地球の直径よりいくぶん大きい）に、誤差楕円面の一部が触れると、地球に衝突する確率がゼロではなくなる。たとえば、NEO が速度 10km/s の相対速度で近づく場合、地球の重力で引っぱられ衝突を起こすことを考慮した地球の半径は 1.5 倍で考えなければならなくなる。

(3) JPL の NEO プログラム室のウェブサイトのアドレスは http://neo.jpl.nasa.gov である。地球接近天体について、専門的過ぎないわかりやすいウェブサイトもある。http://www.jpl.

原注（第10章）

nasa.gov/asteroidwatch/index.cfm

(4) OSIRIS-RExという名前は、次のような何を言いたいのかよくわからない長い名前の意図的な略号になっている。"Origins-Spectral Interpretation-Resource Identification-Security-Regolith Explorer" 2011年9月にアリゾナ大学のマイケル・ドレイク（Michael Drake）が死去するまで、彼がこの計画の主任研究員として主導していたが、現在、同計画の実施はゴダード宇宙飛行センターによって進められている。

第10章

(1) 重力トラクター宇宙機では、キセノンのような中性原子をまず高いエネルギーの電子でイオン化し、そのイオン粒子を超高電圧静電気で加速する。最後に電子で中和し、弱いながらも持続的な推進力を生む。重力トラクターに代わる興味深いアイデアとして、低推進力イオンエンジンの一つを小惑星に向けるというものがある。わずかな力だが、持続性のある力を生み出す。宇宙機を小惑星表面近くに留めておくために、宇宙機の反対側（小惑星とは逆の側）にも同じ加速度を出せる推進装置が必要になる。

(2) 経験則として、岩石質小惑星からの脱出速度は、秒速何メートルという表記で、小惑星の半径をkm表記した数字にほぼ等しい。たとえば、半径100m（0.1km）の小惑星では、脱出速度は約0.1m/s、すなわち10cm/sとなる。その小惑星上をこのスピードよりもゆっくりと歩くのは不可能だろう。1歩踏み出しただけであなたは脱出軌道に乗ってしまう。

(3) アポロ型小惑星（1566）イカルスは、1949年6月26日、パロマー山の48インチ（口径1.22m）シュミットカメラを使ってウォルター・バーデ（Walter Baade）により発見された。発見の頃、イカルスは地球から約1500万km以内に接近していた。1968年6月14日には、640万km以内に接近し、2015年6月16日には約800万kmに接近する。2090年6月14日まではそれ以上の接近はなく、その日イカルスは約650万km以内に接近する。MITのイカルス計画は本となって出版され、映画『メテオ』（*Meteor*）（よく覚えていない映画だが）に影響を与えた。

(4) 最もやっかいな社会政治上の問題には、回避作戦をいつ開始するかという問題がある。決定を下さなければならない立場の指導者らは、衝突確率という問題に直面する。たとえば、20年後、ある地球接近天体が5％の確率で地球に衝突すると予報されたら、地上からの観測が蓄積して衝突確率が50％以上になるのを座して待つべきなのだろうか？ もしそうなら、回避作戦は非常に高価なものになり不可能になるかもしれない。天体に大きな回避衝撃を与えなければならなくなるし、天体に宇宙機を送る猶予もなくなってくる。衝突確率がゼロでない最も起こりそうなシナリオというのは、地上からの観測が加わっていき、軌道の改良によって衝突確率がゼロになっていく、というものだが、回避作戦を開始する衝突確率は、国際社会のなかで政策立案者らによって設定されることになるだろう。

訳注

第 1 章

[1]　2013 年に、高速自転による遠心力で塵の尾を出していると見られる小惑星が見つかった（http://science.nasa.gov/science-news/science-at-nasa/2013/07nov_6tails/）。
[2]　厳密には摩擦ではなく、流星体前方の大気を急激に圧縮することで大気が高温となるためである。
[3]　正確には「名前を国際天文学連合に提案する」権利。
[4]　ウィキペディアの「生物名に由来する小惑星の一覧」によると、飼い犬の名として（482）Petrina ペトリーナと（483）Seppina セッピナ、そして、（2474）Ruby ルビが見つかる。
[5]　同じくウィキペディアから、（2309）Mr. Spock ミスター・スポックが飼い猫の名。
[6]　英語では「ジェームズ・ボンドがメルセデスの中でハンバーガーを食べた」に聞こえる。

第 2 章

[1]　原文では金メッキを施したアルミ製となっているが、NASA の web ページ http://voyager.jpl.nasa.gov/ によれば、銅製となっており、レコードのジャケットがアルミ製である。また、原著では、太陽系内の地球の位置や裸の男女の素朴な絵柄（このヌード画は当時物議をかもした）を刻んだレコードとあるが、これは 1972 年、73 年に打ち上げられたパイオニア 10 号、11 号に取り付けられた金メッキアルミ製プレートのことであり、ボイジャーではない。
[2]　原文では 4 倍以内（参考 http://starbrite.jpl.nasa.gov/pds/viewMissionProfile.jsp?MISSION_NAME=voyager）。
[3]　原文では 4000km 以内（参考 同上、http://pds-rings.seti.org/voyager/mission/#v1senc）。
[4]　原文では約 2400 年（資料　http://neo.jpl.nasa.gov/）。
[5]　原文では約 360AU（資料同上）。
[6]　「ゴルディロックス」はイギリスの童話『ゴルディロックスと 3 匹のくま』から。適度な状態を意味する。
[7]　18 世紀後半にも、カントやラプラスが星雲説を唱えていた。
[8]　原文では彗星。

第 3 章

[1]　軌道エネルギーは、軌道長半径の値を負にした逆数に比例する。

163

訳　　注

[2]　2013年11月末の時点で太陽以外の恒星793個に、合計1046個の惑星が見つかっている。
[3]　2013年でおよそ100個もスーパーアースが見つかっているので、原文の「いくつか」を取った。
[4]　原文では、「ハビタブル・ゴルディロックスゾーン」。
[5]　「1000億もの銀河」というのは、観測できる範囲の宇宙で考えた場合。
[6]　2013年8月現在も、地球接近小惑星で二つの衛星を持つのは二つ。

第4章

[1]　バリンジャー隕石孔。

第5章

[1]　「ハレー」という表記が一般化しているが、原語の発音に近い表記は「ハリー」である。
[2]　撮影の間隔は、The Palomar Asteroid and Comet Survey（PACS）, 1982-1987によると約40分間隔となっている。PCASにおいてもその程度の間隔と思われる。

第6章

[1]　この記述は正しくない。世界で確認されている隕石のほとんどが石質隕石であり、隕鉄は数％にすぎない（資料：http://meteorites.wustl.edu/meteorite_types.htm）。
[2]　体積に対して空洞になっている割合。
[3]　アレクサンドロス・ヘリオスとクレオパトラ・セレーネ2世。
[4]　地球の軌道面に対して。
[5]　「ダイオレツァ」はDioretsaという綴りであるが、逆行小惑星なのでasteroid（小惑星）という綴りを逆にしたものになっている！

第8章

[1]　毎年安定した出現を見せる流星群ということでは、ペルセウス座流星群、ふたご座流星群以外では、11月のしし座群よりも1月のしぶんぎ座流星群を挙げるべきだろう。
[2]　厳密には、猛スピードによる大気圏突入で、天体前方の空気が強く圧縮されるために空気が高温になり天体もその高温にさらされる。この現象を空力加熱（くうりき）という。
[3]　金星以上の明るさになる流星。

第9章

[1]　メジャーリーグの監督。
[2]　広島型原爆の爆発エネルギーは約15キロトン。
[3]　誤差楕円面が大きくなっていく。過去に向かっても同様。

[4]　あまり光を反射しないという暗さ。

第10章

[1]　小惑星の進行方向への加速で、軌道速度、軌道周期が変わる。
[2]　槍のように表面に突き刺す方式の探査装置。
[3]　衝突回避監視衛星1機だけは打ち上げ日程の制約のため省かれる。

参考文献

はじめに

Lovell,E.J.Jr., ed. Medwin's *Conversations of Lord Byron.* Princeton: Princeton University Press, 1966.

第2章

Campins,H., K.Hargrove, N.Pinilla-Alonso, E.Howell, M.S.Kelley, J.Licandro, T.Mothé-Diniz, Y.Fernández, and J.Ziffer. "Water Ice and Organics on the Surface of the Asteroid 24 Themis." *Nature* 464(2010): 1320-21.

Fernández,J.A. "On the Existence of a Comet Belt beyond Jupiter." *Monthly Notices of the Royal Astronomical Society* 192(1980): 481-91.

Jewitt,D. "What Else Is out There?" *Sky and Telescope* 119(2010): 20-24.

Rivkin, Andrew S., and Joshua P.Emery. "Detection of Ice and Organics on an Asteroid surface." *Nature* 464(2010): 1322-23.

Stern, Alan, "Secrets of the Kuiper belt." *Astronomy* (April 2010): 30-35.

第3章

Chesley,S.R., S.J.Ostro, D.Vokrouhlický, D.Capek, J.D.Giorgini, M.C.Nolan, J.-L.Margot, A. A.Hine, L.A.M.Benner, and A.B.Chamberlin. "Direct Detection of the Yarkovsky Effect by Radar Ranging to Asteroid 6489 Golevka." *Science* 302(2003): 1739-42.

Fernández,J.A. and W.-H.Ip. "Some Dynamical Aspects of the Accretion of Uranus and Neptune: The Exchange of Orbital Angular Momentum with Planetesimals." *Icarus* 58, no.1(1984): 109-20.

Gomes,R., H.F.Levison, K.Tsiganis, and A.Morbidelli. "Origin of the Cataclysmic Late Heavy Bombardment Period of the Terrestrial Planets." *Nature* 435(2005): 466-69.

Levison,H.F., M.J.Duncan, R.Brasser, and D.E.Kaufmann. "Capture of the Sun's Oort Cloud from Its Birth Cluster." *Science* 329(2010): 187-90.

Malhotra,R. "The Origin of Pluto's Orbit: Implications for the Solar System beyond Neptune." *Astronomical Journal* 100, no.1(1995): 420-29.

Morbidelli,A., H.F.Levison, K.Tsiganis, and R.Gomes. "Chaotic Capture of Jupiter's Trojan Asteroids in the Early Solar System." *Nature* 435(2005): 462-65.

Tsiganis,K.R., R.Gomes, A.Morbidelli, and H.F.Levison. "Origin of the Orbital Architecture of the Giant Planets of the Solar System." *Nature* 435(2005): 459-61.

第4章

Alvarez,L.W., W.Alvarez, F.Asaro, and H.V. Michel. "Extraterrestrial Cause for the Cretaceous-Tertiary Extinction." *Science* 208(1980): 1095-1108.

Hildebrand,A.R., G.T.Penfield, D.A.Kring, M.Pilkington, A.Camargo Z., S.B.Jacobsen, and W. V.Boynton. "Chicxulub Crater: A Possible Cretaceous/Tertiary Boundary Impact Crater on the Yucatán Peninsula, Mexico." *Geology* 19(1991): 867-71.

第6章

Chapman,Clark R., and David Morrison. "Impacts on the Earth by Asteroids and Comets: Assessing the Hazard." *Nature* 367(1994):33-40.

Bottke,W.F.,Jr., A.Cellino, P.Paolicchi, and R.P.Binzel. "An Overview of the Asteroids: The Asteroids III Perspective." In *Asteroids* III, ed. W.F.Bottke Jr., A.Cellino, P.Paolicchi, and R.P.Binzel, 3-15. Tucson: University of Arizona Press, 2002.

Davis,D.R., C.R.Chapman, R.Greenberg, S.J.Weidenschilling, and A.W.Harris. "Collisional Evolution of Asteroids: Populations, Rotations and Velocities." In *Asteroids*, ed. T.Gehrels, 528-57. Tucson: University of Arizona Press, 1979.

Ostro,S.J., R.S.Hudson, M.C.Nolan, J.-L.Margot, D.J.Sheeres, D.B.Cambell, C.Magri, J.D.Giorgini, and D.K.Yeomans. "Radar Observations of Asteroid 216 Kleopatra." *Science* 288(2000): 836-39.

第7章

Landis,Rob. "NEOs Ho! The Asteroid Option." *Griffith Observer* 73, no.5(2009): 3-19.

Lewis,John S., *Mining the Sky*. Reading, MA: Helix Books, Addison-Wesley, 1997.

参考文献

第 8 章

Boslough,M., and D.Crawford. "Low-Altitude Airbursts and Impact Threat." *International Journal of Impact Engineering* 35(2008): 1441-48.

Halliday,Ian, A.T.Blackwell, and A.A.Griffin. "Meteorite Impacts on Humans and Buildings." *Nature* 318(November 28, 1985): 317.

Harris,Alan. "What Spaceguard Did." *Nature* 453(June 26, 2008): 1178-79.

Lloyd,Robin. "Competing Catastrophes: What's the Bigger Menace, an Asteroid Impact or Climate Change?" *Scientific American,* March 31, 2010.

National Research Council. *Defending Planet Earth: Near-Earth Object Surveys and Hazard Mitigation Strategies.* Washington, DC: National Academies Press, 2010.

Sekanina,Z., and D.K.Yeomans. "Close Encounters and Collisions of Comets with the Earth." *Astronomical Journal* 89(1984): 154-61.

Study to Determine the Feasibility of Extending the Search for Near-Earth Objects to Smaller Limiting Diameters: Report of the Near-Earth Object Science Definition Team. August 22, 2003.

Toon,O.B., K.Zahnle, D.Morrison, R.P.Turco, and C.Covey. "Environmental Perturbations Caused by the Impact of Asteroids Comets." *Reviews of Geophysics* 35(1997): 41-78.

Van Dorn,W.G., B.LeMehaute, and L.-S.Hwant. *Handbook of Explosion-Generated Water Waves.* Vol.1, State of the Art. Pasadena, CA: Terra Tech, 1968.

第 9 章

Giorgini,J.D., S.J.Ostro, L.A.M.Benner, P.W.Chodas, S.R.Chesley, R.S.Hudson, M.C.Nolan, A.R.Klemola, E.M. Standish, R.F.Jurgens, R.Rose, A.B.Chamberlin, D.K.Yeomans, and J.-L.Margot. "Asteroid 1950 DA's Encounter with Earth in 2880: Physical Limits of Collision Probability Prediction." *Science* 296(April 5, 2002): 132-36.

Jenniskens,P., M.H.Shaddad, D.Numan, S.Elsir, A.M.Kudoda, M.E.Zolensky, L.Le, G.A.Robinson, J.M.Friedrich, D.Rumble, A.Steele, S.R.Chesley, A.Fitzsimmons, S.Duddy, H.H.Hsieh, G.Ramsay, P.G.Brown, W.N.Edwards, E.Tagliaferri, M.B.Boslough, R.E.Spalding, R.Dantowitz, M.Kozubal, P.Pravec, J.Borovicka, Z.Charvat, J.Vaubaillon, J.Kuiper, J.Albers, J.L.Bishop, R.L.Mancinelli, S.A.Sanford, S.N.Milam, M.Nuevo, and S.P.Worden. "The Impact and Recovery of Asteroid 2008 TC3." *Nature* 458(March 26, 2009): 485-88.

Milani,A., S.R.Chesley, M.E.Sansaturio, F.Bernardi, G.B.Valsecchi, and O.Arratia. "Long-Term Impact Risk for (101955) 1999 RQ36." *Icarus* 203, no.2(2009): 460-71.

第10章

Lu,E.T., and S.G.Love. "A Gravitational Tractor for Towing Asteroids." *Nature* 438, no.2(2005):177-78.

National Research Council. *Defending Planet Earth: Near-Earth Object Surveys and Hazard Mitigation Strategies*. Washington, DC: National Academies Press, 2010.

Project Icarus. *MIT Student Project in Systems Engineering*. Cambridge, MA: MIT Press, 1968.

Schweickart,R.L., T.D.Jones, F.von der Dunk, S.Camacho-Lara, and Association of Space Explorers International Panel on Asteroid Threat Mitigation. *Asteroid Threats: A Call for Global Response*. Houston, TX: Association of Space Explorers, 2008.

索引

項目名の直後に、(2001)、(5)、(163693)、……などとあるのは、その項目名が小惑星名で、( ) 内の数字はその登録番号を表している。また、末尾の小惑星一覧【小惑星】という小見出し以下）では、登録番号順に配列してある。

【あ行】

アイラス - 荒貴-オルコック彗星（C/1983 H1） 115
『アイルランド天文学ジャーナル』 *Irish Astronomical Journal* 154
アインシュタイン（2001） 23
アストラエア（5） 63
アスファウグ, エリック Erik Asphaug 136
アティラ（163693） 20
　——型小惑星 20, 22, 63, 66
アテン（2062） 20, 66
　——型小惑星 20, 22, 63, 66, 129, 144
　——型地球接近小惑星 160
アブレーション 106
アポフィス（99942） 127-129, 136
アポロ（1862） 20, 65
　——型小惑星 20, 22, 63, 66, 129, 144, 162
アマチュア天文家 85
アモール（1221） 20, 65
　——型小惑星 20, 22, 63, 65
アリンダ（887） 65
アルヴァレス, ウォルター Walter Alvarez 58, 69
アルヴァレス, ルイス Luis Alvarez 58, 69
アルベルト（719） 64
アルマハータ・シッタ隕石 121
アレシボ天文台 128
アンクル・スクルージ・マクダック Uncle Scrooge McDuck 79, 96
アンネフランク（5535） 89

イェニスケンス, ピーター Peter Jenniskens 121
イカルス（1566） 137, 162
イーダ（243） 89, 96
イトカワ（25143） 82-84, 89, 96
イリジウム 58
隕石 19, 21, 116
　LL 型コンドライト—— 83, 84
　——に含まれる同位体比の測定 30
隕鉄 159

ヴァルセッキ, ジョヴァンニ Giovanni Valsecchi 158
ヴィット, グスタフ Gustav Witt 63
ウィリアムズ, ガレス Gareth Williams 65, 158
ウィルソン - ハリントン（4015） 95
ヴィルト第 2 彗星（81P/） 93
ヴェスタ（4） 63, 80, 89, 161
ウォーホル（6701） 23
宇宙開発長期計画 100
宇宙から飛来した岩 53
宇宙機 134
　——衝突 136
宇宙空間平和利用委員会（COPUOS） 139, 147, 148
宇宙線 101
宇宙放射線 100
『宇宙のランデブー』 *Rendezvous with Rama* 61, 157
宇宙ミッション計画助言グループ（SMPAG） 148

索　引

エケクルス（60558）　95
エッジワース，ケネス　Kenneth Edgeworth　152
エピック，エルンスト　Ernst Öpik　154
エピック，レンビット　Lembit Öpik　154
エリス　44
エルスト‐ピサロ（7968）　95
エロス（433）　63-65, 80, 85, 89, 96, 114
　——の近日点　63
　——の平均密度　85
円軌道　20
遠日点　20
　——距離　20, 21

オーウェン，ビル　Bill Owen　156
オキーフ，ジョン　John O'Keefe　49
オストロウ，スティーヴ　Steve Ostro　159
オゾン　57
オバマ大統領　President Obama　24, 100
オポルツァー，テオドル　Theodor von Oppolzer　64
オリエンタル盆地　45
オールト，ヤン　Jan Oort　26
　——の彗星雲　26, 27, 29, 34, 39, 44, 152

【か行】

カイパー，ジェラルド　Gerard Kuiper　151
カイパーベルト　26, 27, 29, 33, 34, 44, 47, 151, 152
　——天体　26, 44, 46
　——の形成　44
回避ジレンマ　138
ガウス，カール　Carl Gauss　63, 155
　——の方法　121
カオス的な運動　41, 43, 45
火球　18, 21, 109, 111
確定番号（彗星の）　22
核爆弾　135
火山説（月のクレーター）　53
ガスプラ（951）　88, 89, 96

カーター，ジミー　Jimmy Cartar　25
カタリナ・スカイ・サーベイ　71, 119, 128, 157
活動的短周期彗星　47
活動的な彗星　95, 114
ガニメデ（1036）　65
ガラーチェ，ホセ　Jose Galache　158
カランカス事件　111
仮符号（小惑星の）　23
　——（彗星の）　22
ガリレオ・ガリレイ　Galileo Galilei　53
ガリレオ探査機　89
含水鉱物　159
岩石質S型小惑星　85
岩石質小惑星　99
岩石質地球接近小惑星　99
カンブリア爆発期　57

貴金属採鉱　99
危険回廊　138-140
軌道　20
　——エネルギー　37, 38
　——改良　121, 122
　——計算　122
　——周期　20, 38, 41
　——長半径　→長半径
　——離心率　→離心率
軌道傾斜角　42
　——の増大　42
キース，ソニア　Sinia Keys　158
ギブス，アレックス　Alex Gibbs　157
キー・ホール　128
逆行軌道　94
ギャラッド，ゴードン　Gordon Garradd　127, 157
ギャラッド（2008R1）　95
キャンベル，ダン　Don Campbell　159
共鳴　41-43, 45
　——関係　48, 51
　——軌道　48

171

索引

――領域　48, 49
恐竜絶滅　17
巨大惑星　33
ギルバート，グルーヴ・K.　Grove K. Gilbert　54
キロン（2060）　95, 153
キングスレー，ジェームズ　James Kingsley　154
近日点　20
　　――距離　20, 21

空隙率　82, 134
空中爆発　106, 120
グラウアー，アル　Al Grauer　157
クラーク，アーサー・C.　Authur C. Clarke　61, 157
グランドティートン事件　110
クーリック，L.A.　L.A.Kulik　113, 161
クレオパトラ（216）　80, 88
クレーター　53, 82, 113
　衝突――　53, 54, 107
　小惑星――　134
　地球上の――　45
　月の――　45, 53, 54
　――の直径　110
グロンキ，ジョヴァンニ　Giovanni Gronchi　158

ケプラー，ヨハネス　Johannes Kepler　20, 61
ケレス（準惑星）　63, 89, 114, 121, 155
ゲーレルス，トム　Tom Gehrels　67, 68
元期　122
原始太陽系星雲　31, 32, 40, 41
　――のガス　41
原始惑星　32, 37
　――系円盤　31, 32
ケンタウルス天体　→ セントール天体

広域赤外線探査衛星（WISE）　76

後期重爆撃期　33, 45, 51, 56
公転周期　20
光度曲線（小惑星の）　85
氷天体　33
氷微惑星　45
国際小惑星警報ネットワーク（IAWN）　148
国際彗星探査機（ICE）　93
国防総省　15, 74, 109
誤差楕円　123, 124
　　――体　138
　　――面　122, 123
ゴーメス，ロドニー　Rodoney Gomes　40
ゴレフカ（6489）　49
ゴロディロックス・ハビタブルゾーン　33
コワル，チャールズ　Charles Kowal　153
コワルスキー，リチャード　Richard Kowalski　119, 157
コンドライト隕石（LL型）　83, 84

【さ行】
サイディング・スプリング・サーベイ　127
さきがけ（探査機）　93
残差　121
サンサトゥーリオ，ジニー　Genny Sansaturio　158
三重小惑星　49
酸性雨　107
散乱円盤　26, 27, 44
　　――領域　29, 47

シアーズ，ダン　Dan Scheeres　11, 81, 82
ジェファーソン，トーマス　Thomas Jefferson　154
ジオットー探査機　93
しし座流星群　19
次世代型捜天観測（PanSTARRS）　74
自転周期（小惑星の）　87
ジャコビニ-ツィナー彗星（21P/）　93
シャダッド，ムアーウィア・H.　Muawia H. Shaddad　121

索　引

シャルロア，オーグスト　Auguste Charlois
　　63
ジューイット，ディヴィッド　David Jewitt
　　95, 152
周期彗星　61
シュヴァスマン‐ヴァハマン第3彗星（73P/）
　　90, 91
重力アシスト　37
重力トラクター　134, 135, 162
シュテインス（2867）　89
ジュノ　→ユノ
シューメーカー，キャロリン　Carolyn
　　Shoemaker　66, 68
シューメーカー，ジーン　Gene Shoemaker
　　54, 66, 68-70, 82, 89, 156
シューメーカー‐レビー第9彗星　159
シュルツ，ピート　Pete Schultz　136
シュワイカート，ラスティ　Rusty Schweickert
　　11, 134
順行軌道　94
準惑星ケレス　89
衝突　107
　　海洋への──　107
　　──エネルギー　110
　　──回避　138
　　──確率（地球接近天体の）　123, 162
　　──体　134
　　──による煤　107
　　──による塵　107
　　──による津波　108
　　──頻度　110
衝突クレーター　53, 54, 107
　　チクシュループの──　58, 59
衝突天体　107
　　──の総数　110
　　──の直径　110
小惑星　18, 21, 33, 80, 85, 94, 95, 132
　　C型──　47, 127
　　D型──　47
　　M型──　47, 159

　　S型──　47, 85
　　三重──　49
　　石質──　132
　　二重──　49, 51, 86
　　──クレーター　134
　　──衝突脅威警報　140
　　──登録番号　23
　　──と彗星の分類　18
　　──による冬　107
　　──の位置　134
　　──の仮符号　23
　　──の形状モデル　88
　　──の構造　136
　　──の光度曲線　85
　　──の自転周期　87
　　──の成長　80
　　──の層状構造　80
　　──の組成　134, 136
　　──の分光特性　47
　　──の分類　20
　　──の命名　21
　　──の離心率　48
（小惑星名）
　　アインシュタイン（2001）　23
　　アストラエア（5）　63
　　アティラ（163693）　20
　　アテン（2062）　20, 66
　　アポフィス（99942）　127-129, 136
　　アポロ（1862）　20, 65
　　アモール（1221）　22, 65
　　アリンダ（887）　65
　　アルベルト（719）　65
　　アンネフランク（5535）　89
　　イカルス（1566）　137, 162
　　イーダ（243）　89, 96
　　イトカワ（25143）　82-84, 89, 96
　　ウィルソン‐ハリントン（4015）　95
　　ヴェスタ（4）　63, 80, 89, 161
　　ウォーホル（6701）　23
　　エケクルス（60558）　95

173

索　引

エルスト – ピサロ（7968）　95
エロス（433）　63-65, 80, 85, 89, 95, 114
ガスプラ（951）　88, 89, 95
ガニメデ（1036）　65
キロン（2060）　95, 153
クレオパトラ（216）　80, 88
ケレス（1）　63, 89, 114, 121, 155
ゴレフカ（6489）　49
シュテインス（2867）　89
ダイオレツァ（20461）　95
テミス（24）　153
トータティス（4179）　109
バッハ（1814）　23
パラス（2）　63
ビートルズ（8749）　23
ファエトン（3200）　105
ブライユ（9969）　89
マチルド（253）　82, 83, 89, 95
ユノ（3）　63
ヨーマンズ（2956）　23
リニア（18401）　95
ルテティア（21）　89
1950 DA（29075）　125
1973 NA（5496）　66
1999 KW4（66391）　86, 87
1999 RQ36（101955）　125, 126
2005 U1 リード　95
2008 R1 ギャラッド　95
2008 TC3　119, 120, 122, 129
2010 TK7　153
2011 CQ1　128
2012 DA14　143-145
Barks（2730）　158
YORP（54509）　153
小惑星センター（MPC）　72, 119, 123
小惑星帯　19, 32, 34, 43, 46
ジョルジーニ，ジョン　Jon Giorgini　11, 77, 125, 126, 158
ジョンソン，リンドリー　Lindley Johnson　11, 73, 119

シリマン，ベンジャミン　Benjamin Silliman　154

すいせい（探査機）　93
彗星　18, 21, 33, 47, 89, 94, 95
　アイラス – 荒貴 – オルコック——（C/1983 H1）　115
　ヴィルト第2 ——（81P/）　93
　活動的な——　95, 114
　ジャコビニ – ツィナー——（21P/）　93
　シュヴァスマン – ヴァハマン第3 ——（73P/）　90, 91
　スイフト – タットル——（109P/）　19, 22, 61, 105
　ソーホー——（P/1999 J6）　115
　ソーホー——（P/1999 R1）　115
　短周期——　26, 46, 47, 90
　チュリュモフ – ゲラシメンコ——（67P/）　89, 93, 161
　長周期——　26, 47, 90, 114
　テンペル第1 ——（9P/）　92-94, 132, 133
　テンペル – タットル——（55P/）　19, 61, 105
　ハートリー第2 ——（103P/）　91, 93, 94
　ハレー——（1P/）　61, 93, 115
　不活発な——　26
　ヘール – ボップ——　27, 28
　ボレリー——（19P/）　93
　ポンス – ヴィネケ——（7P/）　115
　Brooks（16P/）　159
　D/Shoemaker-Levy 9　159
　Elst-Pizarro（133P/）　153
　Garrad（259P/）　153
　LINEAR（176P/）　153
　P/1999 J6　115
　P/1999 R1　115
　P/2010 A2　95, 96
　P/2010 R2（La Sagra）　153
　Read（238P/）　153
　——の核　90

174

索　引

──の確定番号　22
──の仮符号　22
──の構造　90
──のコマ　90
──の発見　22
スイフト，ルイス　Lewis Swift　22
スイフト-タットル彗星（109P/）　19, 22, 61, 105
スカイフィッシュ・スペースワゴン　79
スコティ，ジム　Jim Scotti　156
煤（衝突による）　107
スターダスト探査機　93
スチュワート，スコット　Scott Stuart　157
スティグラー，スティーヴン　Stephen Stigler　152
スティール，ダンカン　Duncan Steel　157
ストークス，グラント　Grant Stokes　157
スノーマスレポート　69
スノーライン　32, 34, 45
スーパーアース　45
スパー，ティム　Tim Spahr　72, 119, 158
スペースウォッチ・サーベイ　65, 67
スペースガード　157
　　──・ゴール　71, 73

星雲説　30
星雲モデル　34
静止軌道　160
セカニナ，ズデネック　Zdenek Sekanina　114
セーガン，カール　Carl Sagan　131, 151
セメーノフ，S.B.　S.B.Semenov　15, 16
潜在的に危険な天体　19, 21
セントリーシステム　73, 124, 125, 127, 128, 158
セントール天体　26, 44, 46, 153

双曲線軌道　20
層状構造（小惑星の）　80
ソーホー彗星（P/1999 J6）　115

ソーホー彗星（P/1999 R1）　115
空の害虫　63, 68
ソーレン，デイヴィッド　David Tholen　127, 156

【た行】
ダイオレツァ（20461）　95
大火球（1994年2月1日）　111
第三紀　57, 155
大絶滅　59
太陽系外縁天体　152
太陽系外惑星　45
太陽系形成時の惑星移動　39
太陽系形成モデル　30, 33
太陽系始源天体　97
太陽系の起源　30
太陽系の全質量　29
大量絶滅　57, 60
楕円軌道　21
多細胞生物　57
タッカー，ロイ　Roy Tucker　127
脱出速度　100, 101
タットル，ホレス　Horace Tuttle　22, 151
短周期彗星　26, 46, 47, 90
　　活動的──　47

チェサピーク湾衝突事件　113
チェスリー，スティーヴ　Steve Chesley　11, 49, 75, 119-121, 126, 158
チェリャビンスク　145, 146
　　──隕石　146, 147
チェンバリン，アラン　Alan Camberlin　11, 114
地球周回軌道　100, 160
地球上のクレーター　45
地球接近小惑星　46, 48, 87, 98, 101, 106, 110, 140, 141
　　岩石質──　99
　　──の数　19
　　──の採鉱　98

175

索　引

　　——の速度　106
　　——の大気圏突入　15
　　——の発見　17
　　——の分類　20, 22
　　——の有人探査　100-103
　　——への往復時間　160
地球接近彗星　141
　　——の数　19
　　——の発見　17
地球接近天体　18, 19, 21, 23, 24, 46, 59, 60, 70, 97, 98, 105, 116, 120, 141
　　——との衝突　98
　　——のサイズ　17
　　——の定義　21
地球接近天体監視プログラム　115
地球接近天体観測プログラム　71
　　——室　123
『地球接近天体迎撃ワークショップ概要レポート』 Summary Report of the Near-Earth-Object Interception Workshop　156
地球接近天体力学サイト（NEODyS）　72, 73, 125, 128, 158
地球脱出速度　100
地球低軌道　100
地球同期軌道　160
チクシュルーブ　Chicxulub　17
　　——の衝突クレーター　58, 59
チャプマン，クラーク　Clark Chapman　11, 70, 81
チャーリー・ブラウン　102
チュリュモフ-ゲラシメンコ彗星（67P/）　89, 93, 161
長周期彗星　26, 47, 90, 114
チョウダス，ポール　Paul Chodas　11, 120, 121, 125, 128, 158
長半径　20, 21, 37, 39
　　微惑星の——　37
　　惑星の——　39
塵（衝突による——）　107

ツァハ，フランツ・フォン　Franz von Zach　62, 63
ツィガニス，クレオメニス　Kleomenis Tsiganis　40
追跡観測　72
『月の顔』 The Face of the Moon　153
月のクレーター　45
月の誕生　55, 56
津波（衝突による）　108
ツングースカ事件　15, 16, 111, 151

ディアボーン，デイヴ　Dave Dearborn　11, 135, 136
デイヴィス，ドン　Don Davis　81
ティティウス，ヨハン・ダニエル　Johann Daniel Titius　61
ディープインパクト探査機　91, 93, 132, 133
ディープスペース探査機　93
デクール，アンヌ　Anne Descour　127
デシャンプス，パスカル　Pascal Deschamps　88
テミス（24）　153
デルポルト，ウジェーヌ　Eugène Delporte　65
テンペル第1彗星（9P/）　92-94, 132, 133
テンペル-タットル彗星（55P/）　19, 61, 105
天文単位　18

トータティス（4179）　109
ドナルドダック　Donald Duck　79, 96
ドレイク，マイケル　Michael Drake　162
トロヤ群小惑星　42, 43, 46, 153
トンボー，クライド　Clyde Tombaugh　152

【な行】
ナップ，ミシェル　Michelle Knapp　13, 14

ニア・シューメーカー探査機　65, 83, 85
ニーヴン，ラリー　Larry Niven　13

二重小惑星　49, 51, 86
ニースモデル　30, 40-44, 46
日本スペースガード協会　148

ネオワイズ　→ NEOWISE
年間死者数（事故・病気による）　117

ノミナルな位置　122
ノーラン，マイク　Mike Nolan　159

【は行】

ハーヴァネック，マイケル　Michael Harvanek　157
ハウセン，ケヴィン　Kevin Housen　136
白亜紀　57
バークス，カール　Carl Barks　158
ハーシェル，ウィリアム　William Herschel　62, 155
パダック，スティーヴン　Stephen Paddack　49
バッハ，ヨハン・セバスチャン　Johann Sebastian Bach　25
バッハ（1814）　23
ハッブル宇宙望遠鏡　90, 96
バーデ，ウォルター　Walter Baade　162
バートウィッスル，ピーター　Peter Birtwhistle　156
ハドソン，スコット　Scott Hudson　159
ハートリー第2彗星（103P/）　91, 93, 94
ハビタブルゾーン　33, 46
バビロニアの粘土板　61
はやぶさ　82-84, 89
パラス（2）　63
バリー，デイヴ　Dave Barry　105
ハリス，アラン・ウィリアム（アメリカ，年長）　Alan William Harris　72, 157
ハリス，アラン・ウィリアム（ドイツ）　Alan William Harris　157
ハリス，ヒュー　Hugh Harris　156
バリンジャー，ダニエル　Daniel Barringer　54
——隕石孔　→ メテオールクレーター
ハレー彗星（1P/）　61, 93, 115
パロマー小惑星・彗星サーベイ（PACS）　66
パロマー・プラネット-クロッシング小惑星サーベイ（PCAS）　66
パンスターズ（次世代型捜天観測，PanSTARRS）　74
——望遠鏡　75
パンスペルミア　154
バンベリー，レイ　Ray Bambery　157
ピアース，エリック　Eric Pearce　157
ピアッツィ，ジュゼッペ　Giuseppe Piazzi　62-64, 155
東の海　→ オリエンタル盆地
ピークスキル隕石　14
ビショア，エド　Ed Beshore　157
美星スペースガードセンター　148
ビッグペン　102
ヒートシールド　106
ビートルズ（8749）　23
標的平面図　124
ヒル，リック　Rik Hill　157
ヒルダ群小惑星　43
ピルチャー，カール　Carl Pilcher　70
ヒルデブランド，アラン　Alan Hildebrand　58
広島型原爆　17
微惑星　32, 33, 37, 39, 40-42, 44, 45, 51
——円盤　41-43, 45
——帯　39
——の散乱　41
——密度　42

ファエトン（3200）　105
ファーカー，ロバート　Robert Farquhar　93
ファンデルワールス力　82

177

索引

フィッツシモンズ，アラン　Alan Fitzsimmons 156
フェルナンデス，フリオ　Julio Fernándes 39, 152
不活発な彗星　26
ブッシュ，マイケル　Michael Busch 159
部分的核実験禁止条約（PTBT）　136
ブライユ（9969）　89
プラヴド，スティーヴ　Steve Pravdo 157
ブラウン，ジョージ・E.　George E. Brown 70
ブラウン，マイク　Mike Brown 157
プラチナグループ金属　99
ブルックス第2彗星　159
ブレシー，テレンス　Terrence Bressi 156
ブロゾヴィチ，マリーナ　Mrina Brozovic 159
分化　80, 81
分裂説（月形成の）　154

平均運動共鳴　41
平均密度（エロスの）　85
　──（マチルドの）　82
『ペイル・ブルー・ドット』　The Pale Blue Dot 131
ヘーゲンローター，カール　Carl Hergenrother 158
ベナー，ランス　Lance Benner 159
ベリー，チャック　Chuk Berry 25
ヘリオポーズ　152
ペリーノ，ダナ　Dana Perino 120
ヘリン，エレノア　Eleanor "Glo" Helin 65-67, 155, 157
ペルセウス座流星群　19
ベルナルディ，ファブリツィオ　Fabrizio Bernardi 158
ヘール-ボップ彗星　27, 28
ベンゼル，リチャード　Richard Binzel 84
ペンフィールド，グレン　Glen Penfield 58

ボアティーニ，アンドレア　Andrea Boattini 157
ボイジャー1号　25, 26, 37, 151
ボイジャー2号　151
包括的核実験禁止条約（CTBT）　136, 137, 146
放物線軌道　20
ボーエル，テッド　Ted Bowell 157, 159
ボクロウフリツキー，デイヴィッド　David Vokrouhlický 49
ボスロー，マーク　Mark Boslough 11, 113, 116, 136, 161
ホットジュピター　45
ボーデ，ヨハン　Johan Bode 62
　──の法則　62, 63, 155
ホルサプル，ケイス　Keith Holsapple 136
ボルドウィン，ラルフ　Ralph Baldwin 153
ホルムズ，ロバート　Robert Holmes 156
ボレリー彗星（19P/）　93
ポンス-ヴィネケ彗星（7P/）　115

【ま行】

マーキス，フランク　Franck Marchis 88
マクノート，ロブ　Rob McNaught 157
マクミラン，ボブ　Bob McMillan 67, 156
マケマケ　44
マゴー，ジャン=リュック　Jean-Luc Magot 159
マーズデン，ブライアン　Brian Marsden 158
マスドライバー　131
マチルド（253）　82, 83, 89, 96
　──の平均密度　82
マートン，ロバート・K.　Robert K. Merton 152
マルホトラ，レヌー　Renu Malhotra 39

ミラー，スタンリー　Stanley Miller 154
ミラーニ，アンドレア　Andrea Milani 126, 158

178

冥王星　26, 44, 152
メインザー，エイミー　Amy Mainzer　76
『メテオ』　*Meteor*　162
メテオールクレーター　54, 55, 80, 152

モーガン，トム　Tom Morgan　71
モネ，アリス　Alice Monet　156
モリソン，デイヴィッド　David Morrison　11, 70
モルビデッリ，アレザンドロ　Alessandro Morbidelli　40
モンテカルロ法　125

【や行】
ヤーコフスキー，イワン　Ivan Yarkovsky　48, 49, 153
　――効果　48-51, 122, 123, 126, 131
ヤング，ジム　Jim Young　156

ユノ（3）　63
ユーリ，ハロルド　Harold Urey　154
ユレイライト　121

葉永烜　Wing-Huen Ip　39
ヨープ効果　48-51, 153
ヨーマンズ，ドナルド・K．　Donald K. Yeomans　114, 145, 148, 158
ヨーマンズ（2956）　23

【ら行】
ライアン，アイリーン　Eileen Ryan　156
ライアン，ビル　Bill Ryan　156
ラインムート，カール　Karl Reinmuth　65
ラヴ，スタン　Stan Love　134
ラザー，ジョン　John Rather　156
ラ・サグラ天文台　143
ラーセン，ジェフ　Jeffrey Larsen　65, 127, 156
ラーソン，スティーヴ　Steph Larson　157
ラドチフスキー，V.V.　V.V.Radzievskii　49

ラビノウィッツ，デイヴィッド　David Rabinowitz　157
ラブルパイル　81, 95
　――構造　82, 84, 85
　――小惑星　81, 82

力学的な鍵穴　135
離心率　20, 21, 41
　小惑星の――　48
　――の増加　51
リード（2005U1）　95
リニア（18401）　95
流星　18, 21
　――嵐　105
　――雨　105
　――体　18, 19, 21
　――物質　18, 21
流星群　19, 105
　しし座――　19, 105
　ふたご座――　105
　ペルセウス座――　19, 105
リンカン地球接近小惑星（LINEAR）プログラム　71
リンフィールド，ロジャー　Roger Linfield　75

ルー，エド　Ed Lu　134
ルー，ジェーン　Jane Luu　152
ルテティア（21）　89
ルーナー・プロスペクター探査機　156

レヴィスン，ハル　Hal Levison　40, 153
レーダー観測　76, 77, 86
レヒー，ジョルゲン　Jurgen Rahe　156

ローウェル天文台NEOサーベイ（LONEOS）　157
ロゼッタ探査機　89, 93
ローリー，スティーヴン　Stephen Lowly　153

索　引

ローレンス，ケン　Ken Lawrence　157

【わ行】

ワイズ（WISE）　76
惑星移動　39, 44, 153
　　──のプロセス　41
惑星間コロニー　24
惑星間住居建設　141
惑星軌道横断小惑星サーベイ　→パロマー・プラネット-クロッシング小惑星サーベイ
『惑星地球の防衛：地球接近天体の捜天観測と災害軽減の戦略』 Defending Planet Earth: Near-Earth-Object Surveys and Hazard Mitigation Strategies　158
惑星配置　30
『惑星へ』 The Pale Blue Dot　131
ワーサマン，ラリー　Larry Wasserman　157
ワルトハイム，クルト　Kurt Waldheim　25

【欧文】

1950 DA（29075）　125
1999 KW4（66391）　86, 87
1999 RQ36（101955）　125, 126
2005 U1 リード　95
2008 R1 ギャラッド　95
2008 TC3　119, 120, 122, 129
2010 TK7　153
2011 CQ1　128
2012 DA14　143-145
Barks（2730）　158
C型小惑星　47
COPUOS（宇宙空間平和利用委員会）　139, 147, 148
CTBT（包括的核実験禁止条約）　137, 146
D型小惑星　47
EPOXI　133
IAWN（国際小惑星警報ネットワーク）　148
ICE（国際彗星探査機）　93

JPL 地球接近小惑星追跡（NEAT）プログラム　157
K-P境界　155
K-T境界　57, 58, 155
K-T絶滅　57, 59, 155
LINEAR プログラム　71
LL型コンドライト隕石　83, 84
LSST　74, 75
M型小惑星　47, 159
MPC　72
NASA スペースガード・サーベイ・レポート　70
NEODyS システム　72, 73, 125, 128, 158
NEOWISE　76, 110
NExT　93
PanSTARRS　74
PCAS　66
PTBT（部分的核実験禁止条約）　136
S型小惑星　47
S-IVB ロケットブースター　125
SMPAG（宇宙ミッション計画助言グループ）　148
SOHO（太陽・太陽圏観測機）彗星　158
Tタウリ段階　32
VEGA1　93
VEGA2　93
WISE　76
YORP（54509）　153

【小惑星】

(1) ケレス　63, 89, 114, 121, 155
(2) パラス　63
(3) ユノ　63
(4) ヴェスタ　63, 80, 89, 161
(5) アストラエア　63
(21) ルテティア　89
(24) テミス　153
(216) クレオパトラ　80, 88
(243) イーダ　89, 96
(253) マチルド　82, 83, 89, 96

(433) エロス　63-65, 80, 85, 89, 96, 114
(719) アルベルト　65
(887) アリンダ　65
(951) ガスプラ　88, 89, 96
(1036) ガニメデ　65
(1221) アモール　22, 65
(1566) イカルス　137, 162
(1814) バッハ　23
(1862) アポロ　20, 65
(2001) アインシュタイン　23
(2060) キロン　95, 153
(2062) アテン　20, 66
(2730) Barks　158
(2867) シュテインス　89
(2956) ヨーマンズ　23
(3200) ファエトン　105
(4015) ウィルソン-ハリントン　95
(4179) トータティス　109
(5496) 1973NA　66
(5535) アンネフランク　89
(6489) ゴレフカ　49
(6701) ウォーホール　23
(7968) エルスト-ピサロ　95
(8749) ビートルズ　23
(9969) ブライユ　89
(18401) リニア　95
(20461) ダイオレツァ　95
(25143) イトカワ　82-84, 89, 96
(29075) 1950 DA　125
(54509) YORP　153
(60558) エケクルス　95
(66391) 1999KW4　86, 87
(99942) アポフィス　127-129, 136
(101955) 1999 RQ36　125, 126
(163693) アティラ　20
2005 U1 リード　95
2008 R1 ギャラッド　95
2008 TC3　119, 120, 122, 129
2011 CQ1　128
2012 DA14　143-145

【彗星】
1P/ハレー彗星　61, 93, 115
7P/ポンス-ヴィネケ彗星　115
9P/テンペル第1彗星　92-94, 132, 133
16P/Brooks　159
19P/ボレリー彗星　93
21P/ジャコビニ-ツィナー彗星　93
55P/テンペル-タットル彗星　19, 61, 105
67P/チュリュモフ-ゲラシメンコ彗星　89, 93, 161
73P/シュヴァスマン-ヴァハマン第3彗星　90, 91
81P/ヴィルト第2彗星　93
103P/ハートリー第2彗星　91, 93, 94
109P/スイフト-タットル彗星　19, 22, 61, 105
133P/Elst-Pizarro　153
176P/LINEAR　153
238P/Read　153
259P/Garradd　153
C/1983 H1（アイラス-荒貴-オルコック彗星）　115
C/1995 O1（ヘール-ボップ彗星）　27, 28
D/Shoemaker-Levy 9　159
P/1999 J6（ソーホー彗星）　115
P/1999 R1（ソーホー彗星）　115
P/2010 A2　95, 96
P/2010 R2（La Sagra）　153

181

【著者紹介】
ドナルド・ヨーマンズ（Donald K. Yeomans）
ジェット推進研究所専任研究員、NASA 地球接近天体プログラム室長、太陽系力学グループのスーパーバイザーで、地球接近小惑星ランデブー計画の電波科学チーム研究主任である。日本の「はやぶさ」計画に NASA 側の研究者として参加し、テンペル彗星への「ディープ・インパクト」計画にも加わった。1982 年のパロマー天文台の 5m 反射望遠鏡によるハレー彗星回帰検出は、ヨーマンズの予報計算をもとになされている。また、1981 年には大英博物館が所蔵するバビロニアの粘土板に紀元前 164 年のハレー彗星の観測記述があるという発見（1985 年）をサポートする研究を発表していた。余暇には、古代ローマのコインの研究と蒐集を趣味としテニスも楽しむ。著書には、*Comets: A Chronological History of Observation, Science, Myth, and Folklore* がある。2013 年、雑誌『タイム』の「世界で最も影響力のあった 100 人 (2013 TIME 100)」の一人に選出され、同年、アメリカ天文学会（AAS）の「カール・セーガン・メダル」を受賞した。

【訳者紹介】
山田陽志郎（やまだ・ようしろう）
東京学芸大学修士課程終了（天文学／理科教育）。東京と横浜の科学館で、長年天文を担当。国立天文台天文情報センター勤務を経て、現在、相模原市立博物館の天文担当学芸員。人工衛星追跡 PC ソフト Orbitron の翻訳者。最近では、小学校高学年向け『宇宙開発』（大日本図書）を執筆。

地球接近天体
いかに早く見つけ、いかに衝突を回避するか
NEAR-EARTH OBJECTS: FINDING THEM BEFORE
THEY FIND US

2014年5月20日　初版第1刷

著　者　ドナルド・ヨーマンズ
訳　者　山田陽志郎
発行者　上條　宰
発行所　株式会社 地人書館
　　　　162-0835 東京都新宿区中町15
　　　　電話 03-3235-4422　　FAX 03-3235-8984
　　　　郵便振替口座 00160-6-1532
　　　　e-mail chijinshokan@nifty.com
　　　　URL http://www.chijinshokan.co.jp/
印刷所　モリモト印刷
製本所　カナメブックス

Japanese edition © 2014 Chijin Shokan
Printed in Japan.
ISBN978-4-8052-0875-5

JCOPY〈(社) 出版者著作権管理機構 委託出版物〉
本書の無断複写は、著作権法上での例外を除き禁じられています。複写される場合は、そのつど事前に、(社) 出版者著作権管理機構（電話 03-3513-6969、FAX 03-3513-6979、e-mail: info@jcopy.or.jp）の許諾を得てください。また本書を代行業者等の第三者に依頼してスキャンやデジタル化することは、たとえ個人や家庭内の利用であっても一切認められておりません。

●好評既刊

軌道決定の原理
彗星・小惑星の観測方向から距離を求めるには
長沢 工 著
Ａ５判／二四八頁／二五〇〇円（税別）

彗星や小惑星の軌道決定には、ガウスの時代から様々な方法が考えられているが、そのアルゴリズムが複雑なため、入門者には理解しにくい場合が多い。本書で著者は、高性能になったパソコンの使用を前提として、多少計算量が増えても軌道決定までの道筋が明確な独自の方法を提案し、計算例を示して具体的に解説する。

日の出・日の入りの計算
天体の出没時刻の求め方
長沢 工 著
Ａ５判／二六八頁／二五〇〇円（税別）

日の出・日の入りの計算は、球面上で定義された座標を使わなければならないことと、計算を何度も繰り返しながら真の値に近づいていくという逐次近似法のために、わかりにくいものになっている。本書は、天文計算の基本である天体の出没時刻の計算を、その原理から具体的方法まで、くどいほどに丁寧な解説を試みた。

宇宙の基礎教室
長沢 工 著
Ａ５判／二〇八頁／一八〇〇円（税別）

宇宙科学に関する疑問一〇五項目について、図表や写真を多用しつつ、Ｑ＆Ａ形式により誰にでも理解できるよう簡潔に解説した。好評の『天文の基礎教室』『天文の計算教室』のコンセプトやスタイルを受け継いで編集され、著者の国立天文台での電話質問に応対するノウハウが随所に生かされている。用語解説も充実。

流星と流星群
流星とは何がどうして光るのか
長沢 工 著
四六判／三三二頁／二〇〇〇円（税別）

一九七二年一〇月九日未明、大出現があると予想されていた流星雨はその片鱗すら見せることはなかった。流星雨出現を予測する困難さを知った著者は、とりあえずの研究テーマだった流星天文学に深く関わることになる。本書は著者自身の研究遍歴を織り交ぜながら流星に対する科学的なアプローチを紹介する。

●ご注文は全国の書店、あるいは直接小社まで

㈱地人書館　〒162-0835 東京都新宿区中町15　TEL 03-3235-4422　FAX 03-3235-8984
E-mail=chijinshokan@nifty.com　URL=http://www.chijinshokan.co.jp